资助：西藏自治区财政拨款项目"农业气象服务"、西藏自治区科技计划项目"气候变化对西藏青稞种植的影响及对策研究"、中央"三农"专项和西藏气象学会专项

西藏自治区县级青稞种植气候适宜性区划

杜军　袁雷　周刊社　胡军　马鹏飞 等　著

气象出版社
China Meteorological Press

内容简介

本书为西藏自治区财政拨款项目"农业气象服务"、西藏自治区科技计划项目"气候变化对西藏青稞种植的影响及对策研究"、中央"三农"专项和西藏气象学会专项的主要研究成果。

本书利用青稞生育期、产量结构和气象资料,对西藏青稞种植县(区)的自然地理、气候概况和农业生产进行了概述;采用青稞生育期≥0 ℃的积温、最热月平均气温和降水量 3 个气候因子作为种植区划指标,基于GIS 技术,按最适宜、适宜、次适宜和不适宜 4 个等级制作了西藏县级青稞种植气候适宜性区划图,分区概述了各县(区)青稞种植的适宜区。

本书可供从事农业、气象、资源开发利用等方面科研和管理的人员参考,也可供政府部门决策时参阅。

图书在版编目(CIP)数据

西藏自治区县级青稞种植气候适宜性区划 / 杜军等
著. — 北京:气象出版社,2020.12
　　ISBN 978-7-5029-7327-8

　　Ⅰ.①西… Ⅱ.①杜… Ⅲ.①气候影响-元麦-种植
-研究-西藏 Ⅳ.①S512.3

中国版本图书馆 CIP 数据核字(2020)第 229229 号

审图号:藏 S(2020)013 号

西藏自治区县级青稞种植气候适宜性区划
Xizang Zizhiqu Xianji Qingke Zhongzhi Qihou Shiyixing Quhua

出版发行:气象出版社			
地　　址:北京市海淀区中关村南大街 46 号		**邮政编码**:100081
电　　话:010-68407112(总编室)　010-68408042(发行部)			
网　　址:http://www.qxcbs.com		**E-mail**:qxcbs@cma.gov.cn
责任编辑:陈　红		**终　　审**:吴晓鹏
责任校对:张硕杰		**责任技编**:赵相宁
封面设计:地大彩印设计中心			
印　　刷:北京地大彩印有限公司			
开　　本:787 mm×1092 mm　1/16		**印　　张**:7.5
字　　数:192 千字			
版　　次:2020 年 12 月第 1 版		**印　　次**:2020 年 12 月第 1 次印刷
定　　价:60.00 元			

前　言

农业气候区划是反映农业生产与气候关系的专业性气候区划，它是在农业气候条件分析的基础上，遵循农业气候相似原则，以对农业生物的地理分布有决定意义的农业气候指标为依据，将一个地区划分为若干个农业气候区域；它可为人们认清农业气候资源在地域上的分布差异，合理配置农业生产、改进耕作制度、引入和推广新品质提供理论依据。同时，根据地域分布规律以及农业气象相似理论进行农业区划，也为决策者制定相适应的农业发展规划、充分合理地利用气候资源以及有效地防御气象灾害提供科学依据。

青稞是禾本科大麦属的一种禾谷类作物，因其内外颖壳分离，籽粒裸露，故又称裸大麦、元麦、米大麦。青稞分为白青稞、黑青稞、墨绿色青稞等种类。青稞在青藏高原具有悠久的栽培历史，距今已有 3500 年。青稞的种植范围包括位于青藏高原的西藏、青海、四川、甘肃、云南五省(区)藏区，共 20 个地、州、市，160 个县(区)。2017 年西藏青稞种植面积为 138.84×10^3 hm²，占粮食播种面积的 75.4%；青稞总产量为 78.65×10^4 t，占粮食作物产量的 74.8%，为西藏的第一粮食作物。西藏青稞具有较强的耐寒、耐旱性，在海拔 600～4 500 m，广大的农区、半农半牧区都有分布，其得天独厚的地理气候环境已成为全国重要的青稞生产基地。

青稞种植气候适宜性区划是在农业气候区划的基础上，通过分析找出制约青稞生长的关键因子，利用区划的方法对青稞种植进行分区。本书采用青稞生育期≥0 ℃的积温、最热月平均气温和降水量 3 个气候因子作为种植区划指标，利用 GIS 技术对西藏及其各县(区)青稞种植进行了气候适宜性区划，这对于指导西藏青稞生产、提高种植布局的合理性具有十分重要的意义。

本书主要包括两部分，第 1 章为西藏青稞种植气候适宜性区划。主要介绍了西藏青稞种植情况，以及青稞种植气候适宜性区划指标、方法和分区；第 2 至第 8 章分别介绍了西藏 7 个地(市)青稞种植县(区)的自然地理、气候概况、农业生产和气候适宜性区划。

本书各章节执笔如下：前言，杜军；第 1 章，杜军、刘依兰、胡军；第 2 至第 8 章，袁雷、胡军、周刊社、马鹏飞、格桑卓玛、索朗欧珠、罗珍；统稿，杜军、胡军；资料收集和图像处理，袁雷、周刊社、罗珍。

本书编写过程中，得到了西藏自治区财政拨款项目"农业气象服务"、西藏自治区科技计划项目"气候变化对西藏青稞种植的影响及对策研究"、中央"三农"专项和西藏气象学会专项的共同资助。

《西藏自治区县级青稞种植气候适宜性区划》的出版，期望能得到各界读者的支持和帮助，书中的不足和疏漏之处，欢迎广大读者批评指正。

作者

2019 年 12 月

编写说明

1. 资料来源

(1)所有常规气象资料均来自西藏自治区气象信息网络中心,选用西藏 38 个站点建站至 2018 年地面观测资料序列。

(2)各县(区)农村从业人口、农作物播种面积、粮食产量等社会经济数据来自《西藏统计年鉴(2018)》(西藏自治区统计局 等,2018)。

(3)各县(区)人口数据来源于《西藏自治区 2010 年人口普查资料》(西藏自治区第六次全国人口普查领导小组办公室 等,2011)。

(4)西藏自治区及各县(区)基础地理信息数据来源于西藏自治区测绘局(使用许可协议编号:201010)。

2. 资料处理

(1)无气象站点的各县(区)月平均气温、平均最高气温、平均最低气温、年降水量、年日照时数、≥0 ℃积温等数据采用地理气候学方法推算,并通过区域均一性订正得到。

(2)本书中的平均值为 1981—2010 年气候基准期的多年平均值;各气候要素极端值选用时段为建站时间至 2019 年,其中无人气象站点的极值统计时段为 2016—2019 年。

(3)各县(区)年太阳总辐射通过复杂地形下太阳辐射分布式模拟模型计算得出(杜军 等,2011)。

(4)各县(区)地理位置、地形地貌参阅《西藏自治区地图册》(星球出版社,2008)。

(5)各县(区)面积、辖区、政府驻地参阅《西藏自治区地图册》(西藏自治区测绘局,2015)。

目　录

第1章　西藏青稞种植气候适宜性区划

1.1　西藏青稞生产概况

1.1.1　西藏青稞种植分布

西藏青稞具有较强的耐寒、耐旱性,适应高原气候条件,一般在海拔 600～4 500 m,广大的农区、半农半牧区均有分布,目前种植的海拔上限达到 4 750 m,是西藏作物分布的最高上限。藏东南、藏南边境地区海拔 2 400 m 以下地区,以种植冬青稞为主;雅鲁藏布江下游、易贡藏布、迫龙藏布、察隅曲及藏东三江流域中下游和藏南边境地区海拔 2 400～3 000 m 的河谷地带,气候属温暖半湿润型,是西藏冬青稞主产区,其中海拔 2 800 m 以上的地方兼种春青稞;横断山脉的高山峡谷,藏东三江流域上游、雅鲁藏布江上中游、拉萨河、年楚河、尼洋河、隆子河流域的河谷及坡地,海拔 2 900～4 100 m,这些地方属温暖半干旱气候,是西藏春青稞主产区;雅鲁藏布江上游、喜马拉雅山北麓、念青唐古拉山南麓、三江流域上游,冈底斯山南麓的象泉河、孔雀河、狮泉河流域的河谷山地,海拔 4 000～4 300 m,此区的春青稞多属早熟品种(胡颂杰,1995)。

根据不同的海拔高度与农业自然资源特点、气候类型,西藏青稞可分为以下 4 个气候区域(图 1.1)。

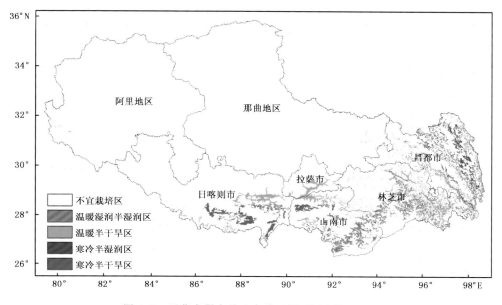

图 1.1　西藏青稞自然生态分区图(杜军 等,2007)

1.1.1.1 温暖湿润、半湿润区

本区海拔高度在 600～3 300 m,气候温暖湿润,适宜青稞、小麦等多种作物生长。冬季较温和,有 5 个月以上的湿润夏季,年降水量为 650～3 000 mm,雨水主要集中在 5—9 月,有利于青稞的生长。虽然有短期干旱现象,但连续干旱较少。年平均气温为 8.5～11.6 ℃,最冷月平均气温为 0.1～3.6 ℃,最热月平均气温为 15.5～18.8 ℃,≥0 ℃积温为 2 980～4 330 ℃·d。年平均相对湿度在 65% 以上,年无霜期为 180～220 d。海拔在 2 700 m 以下农区可以一年二熟,一般青稞收获后种一茬玉米、大豆等,也有部分地方青稞尚未成熟前在田间套种玉米。在海拔 2 500～3 300 m 的地区,一般为两年三熟,是冬青稞和春青稞的兼作区,冬青稞收获后可复种一茬夏玉米或荞麦。此区主要包括墨脱、察隅、米林、巴宜、波密、左贡、芒康以及亚东等县(区)。此区内青稞种植面积平均不到粮食作物的 50%,其中冬青稞占较大比例。

1.1.1.2 温暖半干旱区

本区包括海拔 3 300～4 100 m 的昌都、拉萨、山南、日喀则近 40 个县(区),是青稞主要种植区域,占粮食种植面积的 50% 以上,少数地方达到 70% 以上,并且也有冬青稞的种植。

本区夏季温暖,冬季较为寒冷,年无霜期在 120～160 d,年降水量为 300～500 mm,降水集中在 6—8 月,在正常年份能满足青稞生长的需要,但常出现短期干旱或持续干旱现象。年平均气温为 5.0～8.6 ℃,最冷月平均气温为 −4.6～−0.4 ℃,年极端最低气温为 −25.1～−16.5 ℃,最热月平均气温为 12.5～15.7 ℃,年极端最高气温为 28.2～33.4 ℃,≥0 ℃积温为 2 000～3 300 ℃·d,光能资源丰富,年太阳总辐射高达 7 000 MJ/m² 以上,年日照时数为 2 500～3 250 h。由于本区光照、温度条件适宜,利于青稞形成大穗,千粒重高,是最适宜种植青稞的地区,为一年一熟,部分地区可复种一季绿肥或早熟油菜。

1.1.1.3 寒冷半湿润区

本区海拔高度在 4 100～4 500 m,气候特点是冬季漫长而寒冷,土壤凉寒,春季气温回升慢,生长季短,年无霜期在 30～110 d,夏季日照强,白天气温高,夜间较凉。年降水量为 570～710 mm,降水集中在夏季,有利于青稞的生长。年平均气温为 1.7～5.5 ℃,最热月平均气温为 11.0～14.5 ℃,年极端最高气温为 26.7～29.4 ℃;最冷月平均气温为 −9.8～−4.4 ℃,年极端最低气温为 −30.2～−22.1 ℃;≥0 ℃积温为 1 500～1 900 ℃·d;年平均相对湿度为 55%～62%。本区由于海拔相对较高,纬度偏北,气温偏低,耕地主要分布在河谷和阳坡地带。种植业以春青稞为主,一年一熟,灌浆成熟期可能会遭受初霜冻的危害。该区主要包括边坝、洛隆、丁青、巴青、索县、比如、嘉黎等县(区)。

1.1.1.4 寒冷湿润、半干旱区

本区主要分布在海拔 4 200～4 750 m 的半农半牧区。其气候特点是冬季寒冷,春季气温回升较慢,生长季节短,年无霜期不足 60 d。以帕里、错那、浪卡子等地为例,年平均气温为 −0.3～2.8 ℃,最热月平均气温为 7.9～10.0 ℃,年极端最高气温为 18.4～22.5 ℃;最冷月平均气温为 −9.9～−5.0 ℃,年极端最低气温为 −33.7～−23.4 ℃;≥0 ℃积温为 800～1 500 ℃·d;年降水量为 350～450 mm;年平均相对湿度为 45%～75%。本区主要种植早熟青稞、油菜、豌豆,其中部分地区霜冻、冰雹灾害较为频繁,产量低而不稳。

1.1.2 西藏青稞品种资源

2011年朱印酒在《西藏青稞资源与分布特征》一文中描述"在植物分类学上,青稞属于禾本科大麦属普通大麦种多棱大麦亚种的裸粒类型,它实际上是和多棱皮大麦相对应的多棱裸大麦,又被称为元麦、米大麦。裸大麦与皮大麦的区别在于:前者在脱粒过程中果皮很容易与种皮分开,而脱粒后与小麦一样不带果皮;后者则相反。大麦在扬花前10 d内分泌出一种黏性物质将内外颖紧紧地黏在种皮或子糙上,使其在脱粒中大麦果皮不易与种子分开,从而带果皮。裸大麦即青稞种子则没有这种黏性物质,使籽粒易与果皮分开成裸粒。青稞因这种裸粒性,在加工过程中不必做脱皮加工,与小麦一样可以非常简单地磨成粉制成各种食品,如北非、南美地区的大麦薄饼,青藏高原地区的糌粑,俄罗斯靠克萨斯山区的'壹尼'等具有民族风味的食品。青稞的裸粒性还降低了籽粒中的粗纤维含量,与皮大麦相比,提高了有效能量,从而在饲料大麦的发展中越来越受到养殖业的关注"。

自20世纪80年代以来,在对西藏大麦品种资源征集与考察的基础上,我国学者对西藏栽培大麦变种从分别系统分类、地理分布、组成特点、农艺性状、生态性状、细胞学、分子生态学等方面进行了研究(傅大雄 等,2000;马得泉 等,1987;马得泉,2000;史孝石,1987;姚珍,1982;卢良恕,1996;湛小燕 等,1991;孙立军,1988;徐廷文,1982;徐廷文 等,1984;禹代林 等,1995;王建林 等,2004,2006;邵启全 等,1975;栾运芳 等,2001),发现西藏栽培大麦变种资源十分丰富。

根据综合自然地理状况和大麦地方品种生态型,可将西藏大麦种植物划分为3个大区、9个亚区(马得泉,2000)。3个大区分别为冬大麦区(Ⅰ)、冬春大麦区(Ⅱ)和春大麦区(Ⅲ)。其中,冬大麦区包括察隅—墨脱亚区(Ⅰ₁)、勒布—亚东亚区(Ⅰ₂)、陈塘—吉隆亚区(Ⅰ₃)3个亚区,冬春大麦区包括藏东亚区(Ⅱ₁)、藏东南亚区(Ⅱ₂)、藏中亚区(Ⅱ₃)3个亚区,春大麦区包括藏东北亚区(Ⅲ₁)、藏中南亚区(Ⅲ₂)、藏西亚区(Ⅲ₃)3个亚区。

1.1.3 西藏青稞多样性

西藏高原大麦生态环境千差万别,而大麦在西藏的分布又极为广泛,凡有作物栽培的地方都有大麦种植,西藏栽培大麦是以多种多样的变种去适应不同地区、不同气候和不同耕作制度的,这就决定了西藏栽培大麦变种资源的多样性,西藏栽培大麦遗传资源的丰富性在全球是独一无二的(徐廷文,1982)。根据研究报道(徐廷文,1982),西藏栽培大麦有601个变种,包括490个新变种(含特有新变种)。傅大雄等(2000)根据西藏昌果沟遗址考古,认为西藏高原所栽培的大麦系由"新月沃地"通过中亚传播而来的,并非本土起源,西藏高原是世界大麦的次生起源中心而非生起源中心。王建林等(2006)研究表明,西藏高原栽培大麦变种在组成上和世界公认的大麦起源中心埃塞俄比亚相比,具有明显的多棱、裸粒特点(马得泉 等,1997)。在水平分布上,西藏栽培大麦变种主要分布于藏中及藏东地区,而在毗邻国界处则变种数量很少。在垂直分布上,西藏栽培大麦变种的垂直分布与海拔高度有着密切的联系。在海拔2 500 m以下地区变种很少分布,在此以上,随着海拔的升高,栽培大麦变种数逐渐增多,在海拔3 500~4 000 m高度带内分布变种数最多,随着海拔的进一步升高,则栽培大麦变种的数量逐渐减少。

西藏高原属春播裸大麦区,西藏境内大麦分为4个大麦区(栾运芳 等,2001):冬性皮、裸大麦兼种区;冬、春皮、裸大麦兼种区;春裸大麦区;高寒早熟春裸大麦区。大麦在西藏分布最广,冬春性兼有,熟性多种,以中早熟多棱裸大麦为主(栾运芳 等,2001)。这与其独特的生态环境有关,由于受地理、环境条件的影响,境内裸大麦形成了极丰富的多样性,有许多优良遗传性状和生态特异类型,这是西藏裸大麦种质资源最突出的特色之一,这些性状和类型多数是西藏特有或其他地区少见的(马得泉,2000)。西藏春青稞与我国栽培大麦比较,变异最丰富、多样性最高。

1.1.3.1 穗部性状丰富多样

栾运芳等(2008)对西藏144份食用裸大麦穗部性状研究表明,按小穗发育程度和结实性分类看,二棱、四棱、六棱大麦均有,以多棱裸大麦占96.7%,其中四棱裸大麦占70.1%,比例最高;六棱裸大麦占26.4%;二棱裸大麦占3.5%。就芒的性状和颜色而言,以长芒居多数,其次为短芒、钩芒、长钩芒等芒形品种也较丰富;芒色,以黄色居多,兼有青黄、灰黄,少量淡紫色。颖壳色的变化,黄色、灰黄色、紫色、青紫色、黄紫色、深紫色表现出各种色泽。籽粒的颜色变异大,以深色型居多数,其中以褐色籽粒占的比例较大,兼有黄色、青黄色、灰黄色、紫色、深紫色、麻色、绿色、褐色、灰褐色,这些颜色在西藏各地都有分布,一般深色籽粒对应的颖壳色和芒色都有相应的颜色变化。深色型籽粒有随海拔升高数量增多和颜色变深的趋势。

西藏高原春青稞穗部性状多样性分布,以日喀则最高,其后依次是拉萨、山南、昌都、林芝。以日喀则的春青稞穗部性状变异最为丰富,多样性最高(栾运芳 等,2008)。

1.1.3.2 成熟类型和早熟种质资源

生育期分类标准,即早熟品种生育期105 d以下;中熟类型生育期105～119 d;晚熟生育期119 d以上(栾运芳 等,2001)。栾运芳等(2008)对144份春青稞种质资源进行了分析,结果表明,早熟资源占30.9%,其中日喀则特早熟类型占1.4%,中熟类型占51.2%,晚熟类型占16.8%,极晚熟类型为1.1%。西藏各地的品种在林芝春播生育期缩短,其中日喀则的品种表现中早熟,昌都的品种大都表现晚熟。西藏春播青稞利用较多的早熟资源有高原早1号、亚东下司马镇当地青稞,在林芝种植生育期为100 d;生育期105 d以下的早熟品种有浪卡子白青稞等品种。

1.1.3.3 植株高度鉴定和矮秆资源

密直穗矮秆大麦是中国新发现矮源之一,其植株标志是矮秆、穗密、长芒、穗直不下垂。密直穗矮秆大麦在育种上的应用已取得显著的成就。据研究,国外品种株高在70 cm以下的矮秆种质分布频率为7.1%,国内品种为3.4%。长江流域各省(市、区)品种普遍偏高,其次是青藏高原(徐廷文,1982)。栾运芳等(2008)根据种植的来自西藏不同生态环境条件下的种质分析认为,株高遗传比较稳定,植株高度在60～80 cm的矮秆和半矮秆种质较多,占材料总数的89%;50～59 cm的种质占3%;90 cm以上的种质只占8%。植株高度较矮的品种有高原早1号、亚东下司马镇当地青稞、浪卡子白青稞、藏青148、喜马拉雅19、WB19-97,并具有穗大、粒重、根系发达、抗逆性强等优点。

1.1.3.4 千粒重和大粒种质

根据孙立军研究(1988),国内品种平均千粒重为34.7 g,国外为40.8 g。根据此标准,栾运芳等(2008)鉴定的春播青稞品种在西藏林芝种植千粒重在40 g以上的为大粒种质占17.1%,千粒重在40 g以下的品种占82.9%。从我国大麦千粒重的分布统计可以看出:高海拔、高纬度、昼夜温差大地区千粒重明显偏高,如内蒙古和青藏高原,千粒重分别为 39.1 g 和 39.5 g,黑龙江、吉林平均为 40 g;低纬度、低海拔的平原或丘陵地区千粒重低。西藏是属于高海拔、温度低、昼夜温差大的地区。就千粒重而言,同一品种在不同海拔种植,千粒重相差 1%～2%。因为高海拔地区温度低、昼夜温差大,大麦生长发育时期长,幼穗发育时间长、灌浆期长易形成大穗大粒。如西藏各地的品种在林芝种植,千粒重均低 1%～2%。从外地引进的同一大麦品种在林芝种植千粒重增加 1%～2%,如山西的农家种和陕西宝鸡引进的 97-22-4 品种(品系)。这是因为林芝气候条件比西藏其他地区海拔低、温度高、潮湿,生育期短,影响了大穗大粒的形成。西藏裸大麦在林芝种植千粒重较高的种质资源,千粒重在 40 g 以上的有北青 5 号、康青 3 号、日喀则白朗县嘎东镇当地青稞、69023 青稞、帕里紫青稞、亚东康布乡当地青稞。以来自日喀则的青稞千粒重高,每穗粒数平均为 33 粒,穗粒数在 51 粒以上的品种(品系)有 96-97114、喜马拉雅 6 号、山青 21、康青 3 号、69023、96-971776、山青 22、QB01 等。

1.1.4 西藏青稞播种面积与产量

据统计(1981—2017 年),西藏青稞常年播种面积为 121.68×10³ hm²,占农作物总播种面积的 53.3%,占粮食作物总播种面积的 65.3%;青稞总产量最高出现在 2017 年,达 78.65×10⁴ t,平均总产量为 49.69×10⁴ t,占平均粮食总产量的 63.5%;平均单产量为 4056.7 kg/hm²。其中,2001—2017 年青稞平均总产量为 64.40×10⁴ t,平均单产量为 5 200.3 kg/hm²。

1.1.4.1 播种面积

1981—2017 年,西藏青稞播种面积为 109.38×10³～138.84×10³ hm²(图 1.2)。从历年变化来看,20 世纪 80 年代至 90 年代初,青稞播种面积呈波动增长态势,1995 年因干旱青稞播种受到影响,播种面积降至 109.38×10³ hm²,为历史最低;1996—2001 年青稞播种面积快速增加,2001 年达到最高,为 134.62×10³ hm²;2002—2006 年又趋于减少,2007—2012 年播种面积维持在 118.00×10³ hm² 左右;2013—2017 年播种面积扩大至 123.00×10³ hm² 以上,2017 年达到 138.84×10³ hm²,为近 47 年最大。就青稞播种面积占粮食播种面积的比例而言,1981—1994 年在 59.2%～63.6%,1995 年降至 57.8%;1996—2017 年一直处在 62.0% 以上,呈现出明显的增加趋势,其中 2000 年以后种植比例达到 65% 以上,2017 年最高,达 75.4%,可见青稞已经成为西藏粮食作物的主打品牌。

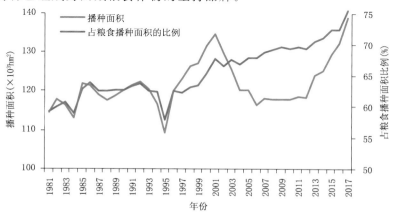

图 1.2　1981—2017 年西藏青稞播种面积及占粮食播种面积的比例

从近 5 年(2013—2017 年)7 地(市)青稞平均播种面积来看(图 1.3),日喀则市播种面积最大,为 $51.60 \times 10^3 hm^2$,占全自治区播种面积的 39.7%;其次是昌都市,播种面积为 $36.17 \times 10^3 hm^2$,占全自治区播种面积的 27.8%;阿里地区最少,为 $1.44 \times 10^3 hm^2$,仅占全自治区青稞播种面积的 1.1%。

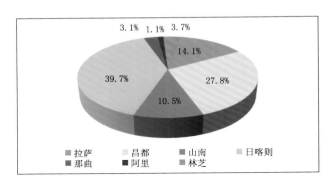

图 1.3 2013—2017 年西藏 7 地(市)青稞播种面积比例

1.1.4.2 总产量

1981—2017 年,西藏青稞总产量在 $20.30 \times 10^4 \sim 78.65 \times 10^4 t$(图 1.4)。从历年变化来看,总体上呈增加趋势,1983 年因严重干旱致使青稞大幅减产,总产量为 $20.30 \times 10^4 t$,为历史最低;2001—2017 年青稞年总产量在 $59.52 \times 10^4 t$ 以上,2017 年达到最高,为 $78.65 \times 10^4 t$。从每 5 年平均总产量的变化来看(图 1.5),2011—2015 年青稞总产量达到 $68.85 \times 10^4 t$,与 20 世纪 80 年代初比较,总产量增加了 153.4%。

就青稞总产量占粮食总产量的比例而言(图 1.4),1981—1988 年呈增加态势,为 $55.0\% \sim 63.8\%$;1989—1995 年表现为下降趋势,1995 年降至 50.2%;1996—2017 年呈明显的增加趋势,2007 年以后产量比例超过 65%,2017 年达到最高,为 74.8%。

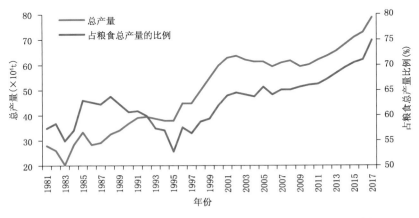

图 1.4 1981—2017 年西藏青稞总产量及占粮食总产量的比例

从近 5 年(2013—2017 年)7 地(市)青稞平均总产量分布来看(图 1.6),日喀则市青稞总产量最高,为 $33.26 \times 10^4 t$,占全自治区青稞总产量的 47.1%;其次是昌都市,青稞总产量为

$14.07×10^4$ t,占全自治区青稞总产量的 19.9%;拉萨市青稞总产量为 $11.41×10^4$ t,占全自治区青稞总产量的 16.2%;阿里地区最低,青稞总产量为 $0.46×10^4$ t,仅占全自治区青稞总产量的 0.7%。

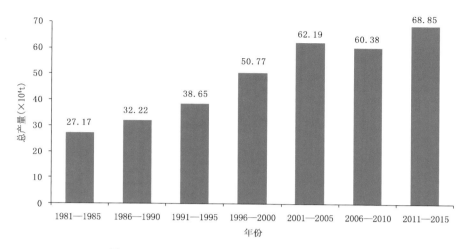

图 1.5   1981—2015 年西藏青稞 5 年平均总产量

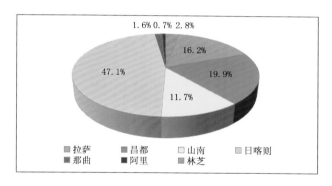

图 1.6   2013—2017 年西藏 7 地(市)青稞总产量比例

1.1.4.3   单产量

从 1981—2017 年西藏青稞平均单产量的变化趋势来看(图 1.7),呈现为逐年增加趋势,平均每年增产 108.0 kg/hm²(达到 0.001 的显著性水平检验)。从历年单产量变化来看,青稞产量存在着较明显的波动变化,年景好的年份产量高,气候条件差的年份产量低,如大旱之年的 1983 年青稞平均单产量只有 1 743.1 kg/hm²,1981—1997 年青稞单产处于平均值之下,但随着西藏农田基本建设的不断发展和科学技术水平的提高,青稞单产不断提高而且稳定,2017 年达到 5 664.8 kg/hm²,为最高值。

从近 5 年(2013—2017 年)7 地(市)青稞平均单产量来看(图 1.8),日喀则市青稞单产量最高,为 6 434.3 kg/hm²;其次是拉萨市,青稞单产量为 6 256.5 kg/hm²;那曲市最低,仅为 2 807.6 kg/hm²。

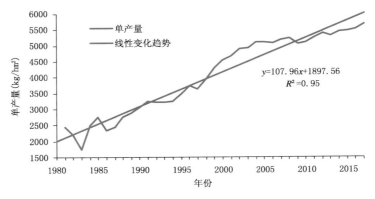

图 1.7　1981—2017 年西藏青稞单产量的变化

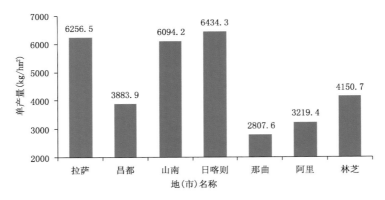

图 1.8　2013—2017 年西藏 7 地(市)青稞平均单产量

1.1.5　西藏各县(区)青稞播种面积与产量

杜军等(2017)分析了 2011—2014 年西藏各县(区)青稞平均播种面积分布情况(图 1.9),结果表明:西藏有 64 个县(区)种植青稞,播种面积最大的是江孜县,为 6 302.4 hm²;其次是丁青县,为 6 299.8 hm²。其中,播种面积大于 6 000 hm² 的只有江孜、丁青和林周 3 个县;播种面积为 4 000~5 000 hm² 的有 6 个县(区),为白朗县、桑珠孜区、定日县、卡若区、拉孜县和萨迦县;播种面积不足 1 000 hm² 的县(区)有 26 个,主要分布在林芝市、山南市大部、日喀则市西部、阿里地区和那曲市。此外,尼玛县、革吉县有零星播种,播种面积分别为 75.0 hm² 和 38.0 hm²,因播种面积太小,在县级青稞种植气候适宜性区划图上难以反映出来。

从 2011—2014 年西藏各县(区)青稞平均总产量分布来看(图 1.10),江孜县最高,达 50 137.8 t;桑珠孜区其次,为 44 609.7 t;革吉县最低,为 45.6 t。其中,总产量在 20 000 t 以上的县(区)有 8 个,总产量为 10 000~20 000 t 的县(区)有 14 个,总产量为 5 000~10 000 t 的县(区)有 15 个,总产量为 1 000~5 000 t 的县(区)有 18 个,总产量低于 1 000 t 的县(区)有 9 个。

就 2011—2014 年西藏各县(区)青稞平均单产量分布来看(图 1.11),琼结县最高,为 9 811.9 kg/hm²;其次是桑珠孜区,为 9 204.7 kg/hm²;革吉县最低,为 1 115.5 kg/hm²。其中,单产量在 6 000 kg/hm² 以上的县(区)有 13 个,基本上都分布在沿雅鲁藏布江一线。

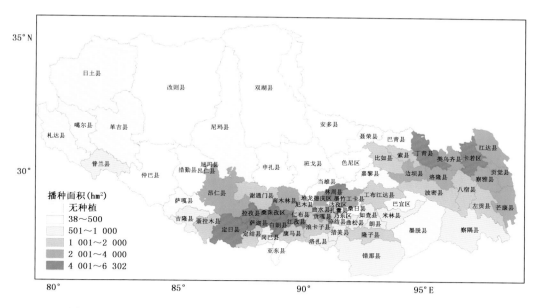

图 1.9　2011—2014 年西藏各县（区）青稞平均播种面积分布图（杜军 等,2017）

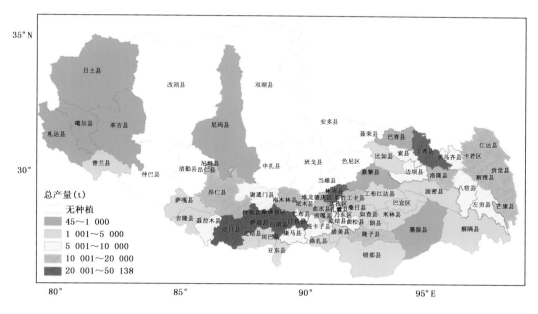

图 1.10　2011—2014 年西藏各县（区）青稞平均总产量分布图（杜军 等,2017）

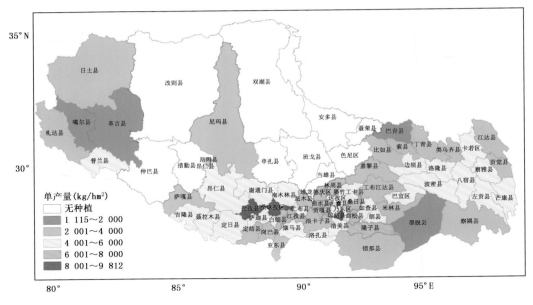

图 1.11　2011—2014 年西藏各县(区)青稞平均单产量分布图(杜军 等,2017)

1.2　气候区划指标及方法

1.2.1　数据来源

空间化的气象数据是作物气候区划中最重要的输入参数,目前所见到公开发表的气候区划所使用的小网格气象数据,基本上都是使用气象站点的各类实测气象数据与经度、纬度和高程数据构建回归模型计算而成,这种构建小网格空间气象数据的方法在气象站点分布较密,地形变化较小的地方可以使用。西藏气象站点稀疏、地形起伏很大,用这种方法构建的空间气象数据有较大误差,在本研究中采用中国气象局国家气象信息中心的成果 CLDAS 大气驱动场(V1.0)(CMA Land Data Assimilaton System Version 1.0)作为气象数据源。CLDAS(CMA Land Data Assimilaton System Version 1.0)以 NCEP/GFS 数值分析/预报产品为背景场,通过多重网格三维变分技术融合国家级和区域自动站观测数据,获取高精度气温、气压、湿度、风速等陆面驱动数据;基于 DISSORT 辐射传输模型,从 FY-2E 卫星一级产品实时反演太阳短波辐射产品;降水由多卫星与地面自动站降水融合而成,最终形成陆面大气驱动场。产品覆盖范围为东亚区域(0~60°N,70°~150°E),空间分辨率为(1/16)°×(1/16)°,网格数目为 1 028×960,时间分辨率达到了小时级,该数据集已经得到多次验证,本研究使用的该数据集时间是2009—2013 年。对于西藏地区而言,该数据集在气象要素完整性、数据空间分辨率和时间分辨率上都是目前为止综合性最好的数据。土地利用数据为 2005 年西藏土地利用数据,该数据使用 Landsat TM/ETM 遥感影像为主要数据源,通过人工目视解译生成,为 shp 格式。

1.2.2　热量条件

热量条件是植物生活的重要条件,各种植物的生长发育都只能在他们所需的热量范围内才能正常进行。热量直接影响植物的生长、产量、分布,还影响植物发育的速度、生长期长短,各发育期出现的早晚。西藏地域辽阔、地形复杂、海拔高度差异大,从海拔 110 m 的西巴霞曲出口处,到海拔 8 844.43 m 的珠穆朗玛峰,海拔差异达到 8 700 m,平均海拔达 4 000 m。西藏总面积 122.84×10⁴ km²,但宜农面积只有 45.37×10⁴ hm²,仅占自治区总面积的 0.42%,这主要是受热量条件的限制。

青稞是一种喜凉作物,已有的研究表明,青稞播种到出苗期间所需的日平均最低温度应该不低于 0 ℃,出苗到拔节的日平均温度应该不低于 3～5 ℃,在苗期可以短时间抵御−10 ℃左右的低温。拔节到抽穗期间的日平均温度应该不低于 5～6 ℃,在拔节前后可短时间抵御−7 ℃左右的低温,在抽穗前后可以短时间抵御−4 ℃的低温,抽穗到成熟期需要日平均气温在 7 ℃以上,日平均气温在 9 ℃左右最好,这期间能短时间抵御−2 ℃以上的低温。在已有的部分作物区划研究中,采用了作物某一关键生育期下限温度作为一种区划因子,采用这种方法的一般来说都是研究范围较小、作物生育期较为固定的一些地方。

西藏青稞种植分布范围广,跨越 4 个气候带,各个种植区域间生育期长短和生育期发生的时间相差较大。分析林芝、拉萨、泽当、日喀则 4 个农业气象试验点从 1985—2010 年观测的春青稞生育期来看,林芝县(现为巴宜区)春青稞 3 月上旬播种,7 月下旬成熟,全生育期平均为 138 d;日喀则市(现为桑珠孜区)春青稞 4 月底播种,8 月下旬成熟,全生育期平均为 120 d;不同品种的春青稞在同一地区生育期也不一致,2006 年巴宜区种植的青春 8036 全生育期为 102 d,1987 年种植的昆仑一号全生育期为 130 d。同一品种不同年份和不同农业方法在同一地区生育期也不一致,1996 年桑珠孜区种植的藏青 320 全生育期为 106 d,1989 年种植的藏青 320 全生育期为 145 d。积温是一种重要的热量条件,是作物对热量需求的反映,是一段时间内逐日平均气温的总和,作物的积温一般是指在生育期内大于或等于其生物学下限温度的日平均温度的总和。作物从出苗至成熟这整个期间内,需要一定量的积温,否则不能正常生长发育及成熟。从已有的研究来看,≥0 ℃积温适合用来描述西藏青稞全生育期所需热量条件。对于春青稞这种一年生的作物,可以通过改变播种期使其最大化地满足各生育期热量需求。西藏青稞播种期为 3—5 月,成熟期为 7—9 月,本研究用 3—9 月作为全生育期,生育期内≥0 ℃积温和最热月平均气温作为热量指标。

1.2.3　水分条件

青稞抗旱力强,但在青稞整个生育期中必须有一定的水分供应才能保证产量。研究表明,分蘖到抽穗期间和灌浆期是青稞的 2 个需水关键期。特别是在分蘖到抽穗这个时间段,青稞耗水强度很大。在青稞孕穗后期,如果水分不足,则会对产量有很大影响,青稞全生育期需水量为 378～450 mm。但水分过多也会对青稞产量有负效应,特别是在青稞主产区,7 月份连续降水,造成日照不足会影响青稞开花授粉和籽粒灌浆,进而影响产量。本研究用生育期(3—9月)降水量为水分指标。

杜军等(2017)依据西藏实际,结合文献的研究成果,采用生育期≥0 ℃的积温($\sum T$)、最热月平均气温(T_{max})、生育期降水量(P)这 3 个指标来计算西藏青稞种植气候适宜性,并将每个指标分为适宜、次适宜、不适宜 3 个等级,各等级指标见表 1.1。

表 1.1　西藏青稞种植气候适宜性区划指标

适宜等级	$\sum T$(℃·d)	$T_{\max}$(℃)	P(mm)
适宜区	≥1 900	≥14	[400,600]
次适宜区	(1 000,1 900)	(8,14)	(250,400),(600,700)
不适宜区	≤1 000	≤8	≤250,≥700

1.2.4　区划指标的归一化处理

为了消除区划指标在分界处的跳跃性,采用模糊集隶属函数的方法对区划指标进行归一化处理,归一化处理后的值在[0,1]之间。

$$\mu(\chi_1) = \begin{cases} 1 & \chi_1 \geq 1900 \\ \dfrac{\chi_1 - 1000}{900} & 1000 < \chi_1 < 1900 \\ 0 & \chi_1 \leq 1000 \end{cases} \tag{1.1}$$

$$\mu(\chi_2) = \begin{cases} 1 & \chi_2 \geq 14 \\ \dfrac{\chi_2 - 8}{6} & 8 < \chi_2 < 14 \\ 0 & \chi_2 \leq 8 \end{cases} \tag{1.2}$$

$$\mu(\chi_3) = \begin{cases} 1 & 400 \leq \chi_3 \leq 600 \\ \dfrac{\chi_3 - 250}{150},\dfrac{\chi_3 - 600}{100} & 250 < \chi_3 < 400,600 < \chi_3 < 700 \\ 0 & \chi_3 \leq 250,\chi_3 \geq 700 \end{cases} \tag{1.3}$$

按照各因子对西藏青稞产量的不同影响程度,并结合农业和气象专家意见,最终确定各指标因子的权重:$\alpha = \{0.4,0.4,0.2\}$。然后按照各指标因子的权重,在 GIS 的空间分析工具中,将各评价指标的栅格图采用线性加权求和的方法进行叠加,就可以得到西藏青稞种植气候适宜性评价栅格图。

综合评判值计算公式为:

$$R = \sum_{i=1}^{3}[\alpha_i \mu(\chi_i)] \tag{1.4}$$

式(1.1)至式(1.4)中,R 为综合评判值;$\mu(\chi_i)$ 为第 i 个指标气候隶属度,$i=1,2,3$;$\mu(\chi_1)$ 为生育期≥0 ℃的积温,$\mu(\chi_2)$ 为最热月平均气温,$\mu(\chi_3)$ 为生育期降水量;α_i 为相应指标因子权重,$0 < \alpha_i < 1$,$\sum \alpha_i = 1$。计算后的 R 值在 0~1,用来评价西藏青稞生长气候综合条件的优劣。在综合评价西藏青稞种植气候适宜性时采用集优法,3 项指标都达到最优为最适宜区,由于对区划指标作了归一化处理,因此,对 3 项指标都较好,但略差于最优条件的作为适宜区,3 项指标都满足青稞种植所需的最低气候条件,但综合起来得分较低的为次适宜区,其余区域为不适宜区。

根据西藏青稞分布状况实地调查的资料对集优法进行分级,确定 $R \geq 0.95$、[0.75,0.95)、(0.6,0.75)、$R \leq 0.6$ 依次为最适宜、适宜、次适宜、不适宜 4 个等级,按照这个指标对西藏青稞种植气候适宜性评价栅格图分级,最后得到西藏青稞种植气候适宜性区划图。

1.3 青稞种植气候适宜性区划

1.3.1 气候适宜性区划结果

从气候区划结果(图1.12)来看,最适宜区分布于雅江中游河谷农区(包括日喀则市、拉萨市、山南市)、昌都市横断山脉河谷农区、林芝市河谷农区和低海拔地区。这些地区光、温、水配合好,在林芝市的低海拔地区还可以种植冬青稞。

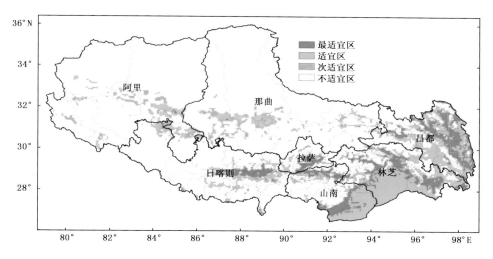

图1.12 西藏青稞种植气候适宜性区划示意图(杜军 等,2017)

适宜区和次适宜区分布较广,但限制因子不同。青稞作为一种喜凉的长日照作物,在林芝市的低海拔地区温度高、日照少、降水量大,少日照影响青稞的生育,高温、降水多、少日照容易导致条锈病等病害。

在藏北高原、雅江河谷的高海拔地区限制青稞生长的因子是温度,在阿里地区限制青稞生长的主要因子是降水。

气候区划结果与实际情况比较一致,昌都市横断山脉河谷农区和雅江中游河谷农区是西藏主要粮仓。而在次适宜区分布的藏北高原地区,虽然粮食种植少,但该地区气候条件还是能够种植青稞。

1.3.2 基于生态位的青稞区划

西藏地处青藏高原腹地,生态环境脆弱,资源的更新和恢复速度缓慢,近年来,随着全球气候变化和人类活动的加剧,西藏的生态安全也受到了严重的挑战,主要表现在草地退化明显和土地沙化加剧、水土流失严重和地质灾害频发。耕地应该被控制在适宜范围内。将土地利用图叠加到青稞种植气候区划图上,能够更好地展现适宜青稞种植区域内实际可以用于耕作的土地。土地利用数据为 shp 格式,在转化为 grid 格式时,考虑到西藏很多河谷的可耕作地面积较小,因此转化后的分辨率为 100 m。将西藏青稞种植适宜性区划结果重采样为 100 m。

将土地利用信息叠加到西藏青稞种植气候适宜区划图后(图1.13),去除了很多不适合利用或不适合用来耕作的土地,各级适宜青稞种植的区域信息更加精确。图 1.13 表明,雅江中游河谷地区多数区域为最适宜种植区,大部分集中在海拔为 2 400~4 100 m 的区域。雅江中游的青稞种植适宜区域和次适宜区域主要分布于流域北部和南部海拔较高的地方。林芝市北部的青稞最适宜种植区域主要在海拔 3 000 m 左右,而林芝市南部的察隅青稞最适宜种植区域海拔在 1 400~2 000 m。昌都市青稞最适宜种植区域分布在中部和南部,北部主要是青稞种植适宜区域和次适宜区域。

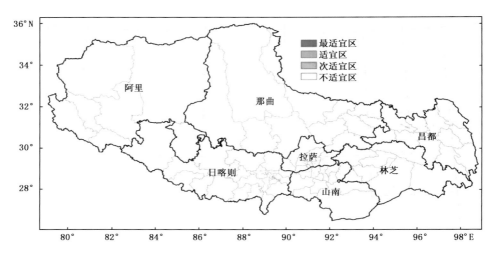

图 1.13　基于生态位的西藏青稞种植气候适宜区划示意图(杜军 等,2017)

从全自治区青稞气候适宜区划各等级面积和所占比例来看(表 1.2 至表 1.4),青稞最适宜区面积为 1 539.1 km²,约占全自治区面积的 0.1%,占全自治区耕地面积的 36.7%;青稞适宜区面积为 2 164.6 km²,约占全自治区面积的 0.2%,占全自治区耕地面积的 51.6%;青稞次适宜区面积为 490.8 km²,仅占全自治区面积的 0.04%,占全自治区耕地面积的 11.7%。

表 1.2　青稞气候适宜区各等级面积(km²)

区域	最适宜区	适宜区	次适宜区	不适宜区
一江两河	994.3	1 124.3	257.5	64 372.1
昌都	319.9	375.6	81.5	110 364.0
西藏	1 539.1	2 164.6	490.8	1 224 288.4

表 1.3　青稞气候适宜区各等级占全自治区面积比例(%)

区域	最适宜区	适宜区	次适宜区	不适宜区
一江两河	1.5	1.7	0.4	96.4
昌都	0.3	0.3	0.1	99.3
西藏	0.1	0.2	0.0	99.7

表 1.4　青稞气候适宜区各等级占全自治区耕地面积比例(%)

区域	最适宜区	适宜区	次适宜区	不适宜区
一江两河	41.8	47.4	10.8	\
昌都	41.2	48.3	10.5	\
西藏	36.7	51.6	11.7	\

第2章　拉萨市各县(区)青稞种植气候适宜性区划

2.1　城关区青稞种植气候适宜性区划

2.1.1　自然地理

城关区位于拉萨市中南部,西接堆龙德庆区,南部与贡嘎县、扎囊县为邻,东部紧依达孜区,北部与林周县接壤。地处雅鲁藏布江支流拉萨河中游河谷平原地带。地势南北高、中间低。主要河流有拉萨河,拉萨河及其周围群山连绵,高山耸立。最高山峰明主择日,海拔5 603 m。面积0.05×10⁴ km²,2010年总人口279 074人。区人民政府驻地在吉崩岗街道,现辖8个街道办事处、4个乡和51个村(居)民委员会(以下简称村(居)委会)。

2.1.2　气候概况

城关区城区属高原温带季风半干旱气候,日照充足,有"日光城"美誉,冬不冷、夏不热,雨季降水高度集中,多夜雨。年平均气压652.6 hPa;年日照时数2 996.1 h,年太阳总辐射6 433.7 MJ/m²;年平均气温8.5 ℃,气温年较差17.1 ℃;年极端最高气温30.8 ℃(2019年6月24日),年极端最低气温−16.5 ℃(1981年1月4日);≥0 ℃积温3 172.7 ℃·d;年降水量438.6 mm,日最大降水量50.5 mm(2017年6月22日);年平均夜雨率84%,为全自治区之最;年蒸发量2 421.5 mm,年平均相对湿度43%;年平均风速1.8 m/s,最多风向为东风;年无霜期146 d;年积雪日数5.9 d;年最大冻土深度28 cm。

城关区城区最热月(6月)平均气温16.4 ℃,最冷月(1月)平均气温−0.7 ℃;最热月平均最高气温23.7 ℃,最冷月平均最低气温−7.8 ℃。

城关区主要有干旱、洪涝、霜冻、冰雹、大风、雷电等气象灾害。夏旱发生频率为18.8%,平均约5年一遇;洪涝发生频率为8.4%,平均约12年一遇。年冰雹日数为3.8 d,主要出现在5—9月,占年冰雹日数的92.1%。年大风日数为27.6 d,冬春季节出现大风较多。城关区为多雷暴区,年雷暴日数为69.6 d,主要集中在5—9月,占雷暴日数的93.5%。

2.1.3　农业生产

城关区以农业为主,主要农作物有春青稞、冬小麦、春小麦、油菜、玉米、豌豆和蚕豆等。2017年乡村从业人口5 036人,农林牧渔业产值17 492万元。2017年末实有耕地面积555.0 hm²,农田有效灌溉面积555.0 hm²,农作物总播种面积697.6 hm²。粮食播种面积145.9 hm²,总产量773.7 t,单产量5 302.9 kg/hm²,其中,青稞播种面积106.2 hm²,总产量554.7 t,单产量5 223.2 kg/hm²。

2.1.4 青稞种植气候适宜性区划

城关区青稞种植最适宜区面积约为 494.0 hm²，占耕地面积的 89.0%，主要分布于纳金乡、蔡公堂乡沿拉萨河谷地带、娘热乡和夺底乡低海拔区域。青稞种植适宜区面积约为 51.5 hm²，占耕地面积的 9.3%，主要分布于娘热乡、夺底乡较高海拔区域。青稞种植次适宜区面积约为 9.5 hm²，占耕地面积的 1.7%，主要分布于夺底乡高海拔地区(图 2.1)。

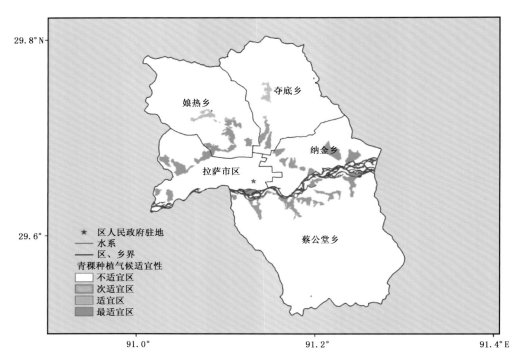

图 2.1 城关区青稞种植气候适宜性区划

2.2 堆龙德庆区青稞种植气候适宜性区划

2.2.1 自然地理

堆龙德庆区位于拉萨市西部。周边与城关区、林周县、当雄县、曲水县、贡嘎县为邻，地处雅鲁藏布江中游河谷地带，地势西高东低，最高海拔 5 500 m 以上，最低海拔 3 640 m；沿堆龙曲河谷高原、丘陵起伏，群山连绵。念青唐古拉山的两条支脉，逶迤县境南北。西北部为堆龙曲河谷区，东南部属拉萨河谷地区，地势平坦而开阔。最高山峰卓玛门，海拔 5 774 m；主要河流有拉萨河、堆龙曲等。面积约 0.26×10⁴ km²，2010 年总人口 52 249 人。区人民政府驻地在东嘎镇，辖 2 个镇、4 个乡和 34 个村民委员会(以下简称村委会)。

2.2.2 气候概况

堆龙德庆城区属高原温带季风半干旱气候,日照充足,气候温和,夏季雨水多、湿润,冬季降水稀少、干燥。年平均气压 633.6 hPa;年日照时数 2 998.1 h,年太阳总辐射 6 415.6 MJ/m²;年平均气温 7.6 ℃,气温年较差 17.3 ℃;年极端最高气温 32.4 ℃(2019 年 6 月 24 日),年极端最低气温−13.6 ℃(2018 年 12 月 30 日);≥0 ℃积温 2 521.4 ℃·d;年降水量 423.9 mm,日最大降水量 40.3 mm(2018 年 7 月 29 日);年无霜期 110~130 d。

堆龙德庆城区最热月(6 月)平均气温为 15.5 ℃;最冷月 1(月)平均气温为−1.8 ℃;最热月平均最高气温为 23.0 ℃,最冷月平均最低气温为−9.8 ℃。

堆龙德庆区主要有干旱、洪涝、霜冻、冰雹、大风、雷电等气象灾害。夏旱发生频率为 37.7%,平均约 3 年一遇;夏涝发生频率为 10.8%,平均约 9 年一遇。霜冻主要发生在海拔 3 800 m 以上的农区,以早霜冻危害最大。年冰雹日数为 6 d,主要出现在 6—9 月的雨季。年大风日数为 28 d 左右,多出现在冬、春季节。该区为强雷暴区,年雷暴日数在 70 d 以上。

2.2.3 农业生产

堆龙德庆区以农业为主,主要农作物有冬小麦、春小麦、青稞、油菜、玉米、豌豆和蚕豆等。2017 年乡村从业人口 22 923 人,农林牧渔业产值 47 460 万元。2017 年末实有耕地面积 5 421.0 hm²,农田有效灌溉面积 5 304.0 hm²,农作物总播种面积 4 944.7 hm²。粮食播种面积 3 613.3 hm²,总产量 23 425.9 t,单产量 6 483.2 kg/hm²,其中,青稞播种面积 2 613.3 hm²,总产量 16 843.8 t,单产量 6 445.4 kg/hm²。

2.2.4 青稞种植气候适宜性区划

堆龙德庆区青稞种植最适宜区面积约为 2 086.8 hm²,占耕地面积的 38.5%,主要分布于古荣乡、乃琼镇、羊达乡、东嘎镇的堆龙曲流域。青稞种植适宜区面积约为 2 934.0 hm²,占耕地面积的 54.1%,主要分布于德庆乡、马乡和乃琼镇的堆龙曲流域。青稞种植次适宜区面积约为 400.0 hm²,占耕地面积的 7.4%,主要分布于德庆乡、马乡和古荣乡的高海拔地区(图 2.2)。

2.3 达孜区青稞种植气候适宜性区划

2.3.1 自然地理

达孜区位于拉萨市中南部、拉萨河中游。东邻墨竹工卡县,南接扎囊县,西与城关区相连,北与林周县毗邻。地处雅鲁藏布江中游拉萨河谷平原,地势南北高、中间低,平均海拔 4 500 m。北部和南部分别是东西横穿的恰拉山、郭嘎拉日山;中部为拉萨河谷地带,属典型的"U"形地貌;东南和东北部为高山区,海拔在 5 500 m 左右。最高山峰果沙如泽,海拔 5 574 m。主要河流有拉萨河、雪普曲等。面积约 0.13×10⁴ km²,2010 年总人口 26 708 人。区人民政府驻地在德庆镇,辖 1 个镇、5 个乡和 20 个村委会。

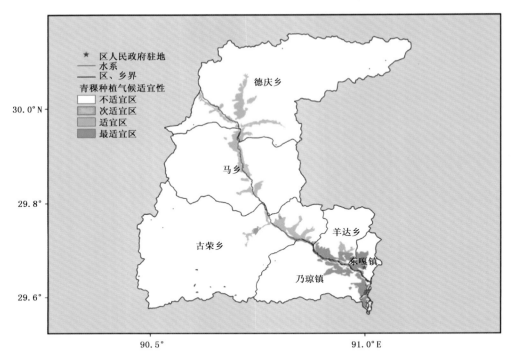

图 2.2　堆龙德庆区青稞种植气候适宜性区划

2.3.2　气候概况

达孜城区属高原温带季风半干旱气候,日照充足,气候温和,夏季降水集中,冬季干燥、多大风。年平均气压 636.5 hPa;年日照时数 2 957.0 h,年太阳总辐射 4 971.5 MJ/m²;年平均气温 7.3 ℃,气温年较差 17.3 ℃;年极端最高气温 31.1 ℃(2019 年 7 月 2 日),年极端最低气温−14.5 ℃(2019 年 1 月 6 日);≥0 ℃积温 2 441.1 ℃·d;年降水量 414.6 mm,日最大降水量 38.1 mm(2017 年 6 月 20 日);年无霜期 120 d。

达孜城区最热月(6 月)平均气温 15.2 ℃,最冷月(1 月)平均气温−2.1 ℃;最热月平均最高气温 22.7 ℃,最冷月平均最低气温−10.2 ℃。

达孜区主要有干旱、洪涝、霜冻、冰雹、大风、雷电等气象灾害。夏旱发生频率为 26.8%,平均约 4 年一遇;夏涝发生频率为 11.8%,平均约 8 年一遇。霜冻主要发生在海拔 3 800 m 以上的农区,以早霜冻危害最大;同时,异常的晚霜冻时常造成玉米、蚕豆等喜温作物遭受冻害。冰雹主要出现在 7—8 月的雨季。年大风日数在 30 d 左右,多出现在冬春季节。该区为强雷暴区,年雷暴日数在 70 d 以上。

2.3.3　农业生产

达孜区以农业为主,主要农作物有春青稞、冬小麦、春小麦、油菜、玉米、豌豆和蚕豆等。2017 年乡村从业人口 15 825 人,农林牧渔业产值 29 304 万元。2017 年末实有耕地面积 5 261.0 hm²,农田有效灌溉面积 5 162.0 hm²,农作物总播种面积 5 716.9 hm²。粮食播种面积 3 950.9 hm²,总产量 25 312.6 t,单产量 6 406.8 kg/hm²,其中,青稞播种面积 1 784.1 hm²,总产量 10 504.6 t,单产量 5 887.9 kg/hm²。

2.3.4　青稞种植气候适宜性区划

达孜区青稞种植最适宜区面积约为 1 230.3 hm²,占耕地面积的 23.4%,主要分布于塔杰乡和德庆镇的拉萨河流域。青稞种植适宜区面积约为 3 870.8 hm²,占耕地面积的 73.6%,主要分布于唐嘎乡、章多乡、帮堆乡以及塔杰乡和德庆镇河谷区域海拔略高的地区。青稞种植次适宜区面积约为 159.9 hm²,占耕地面积的 3.0%,主要分布于德庆镇的高海拔地区(图 2.3)。

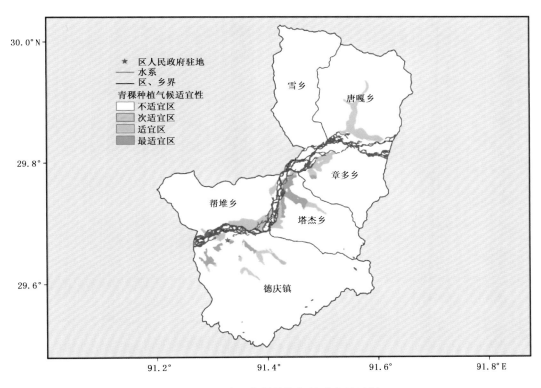

图 2.3　达孜区青稞种植气候适宜性区划

2.4　墨竹工卡县青稞种植气候适宜性区划

2.4.1　自然地理

墨竹工卡县位于拉萨市东端。周边与嘉黎县、工布江达县、桑日县、乃东区、扎囊县、达孜区及林周县接壤。地处藏南雅鲁藏布江中游河谷地带,属拉萨河谷平原的一部分。位于米拉山脉西侧,境内群山连绵,山峰林立,山川相间,河谷环绕;郭喀拉日山脉横贯南部地带。地势呈东高西低之势,平均海拔 4 000 m 以上。最高山峰欧米郎海拔 5 688 m;主要河流有拉萨河、墨竹玛曲、雪绒藏布等。面积约 0.54×10⁴ km²,2010 年总人口 44 674 人。县人民政府驻地在工卡镇,辖1个镇、7个乡和40个村委会。

2.4.2 气候概况

墨竹工卡县城属高原温带季风半湿润半干旱气候,日照充足,气候温凉,夏季雨水多,冬季干燥、多大风。年平均气压640.9 hPa;年日照时数3 182.1 h,年太阳总辐射6 252.2 MJ/m²;年平均气温6.2 ℃,气温年较差17.4 ℃,年极端最高气温28.5 ℃(2009年6月20日),年极端最低气温-22.1 ℃(1981年12月26日);≥0 ℃积温2 502.8 ℃·d;年降水量544.8 mm,日最大降水量47.3 mm(2002年8月19日);年蒸发量2 236.3 mm;年平均相对湿度47%;年平均风速2.5 m/s,最多风向为东北偏东风;年无霜期123 d;年积雪日数15.4 d;年最大冻土深度56 cm。

墨竹工卡县城最热月(6月)平均气温14.2 ℃,最冷月(1月)平均气温-3.2 ℃;最热月平均最高气温21.6 ℃,最冷月平均最低气温-11.3 ℃。

墨竹工卡县主要有干旱、霜冻、冰雹、大风、雷电等气象灾害。春旱和夏旱的发生频率各为25%和18%。年冰雹日数为5.3 d,最多年为18 d(1979年),主要出现在5—9月的雨季,占年冰雹日数的92.1%。年大风日数为22.1 d,冬、春季出现大风较多。该县为强雷暴区,年雷暴日数为74.4 d,最多可达105 d(1998年),最少48 d(2007年),多集中在5—9月,占年雷暴日数的92.7%。

2.4.3 农业生产

墨竹工卡县为半农半牧县,主要农作物有春青稞、油菜、马铃薯和豌豆等。2017年乡村从业人口20 971人,农林牧渔业产值53 033万元。2017年末实有耕地面积5 914.0 hm²,农田有效灌溉面积4 385.0 hm²,农作物总播种面积5 056.4 hm²。粮食播种面积4 290.8 hm²,总产量24 616.5 t,单产量5 737.0 kg/hm²,其中,青稞播种面积3 577.6 hm²,总产量22 344.2 t,单产量6 245.6 kg/hm²。

2.4.4 青稞种植气候适宜性区划

墨竹工卡县青稞种植最适宜区面积约为1 249.2 hm²,占耕地面积的21.1%,主要分布于工卡镇的墨竹玛曲流域较低海拔区域。青稞种植适宜区面积约为3 618.0 hm²,占耕地面积的61.4%,主要分布于甲玛乡、唐加乡的拉萨河流域,扎西岗乡较低海拔区域。青稞种植次适宜区面积约为1 036.1 hm²,占耕地面积的17.5%,主要分布于甲玛乡和扎西岗乡高海拔地区(图2.4)。

2.5 林周县青稞种植气候适宜性区划

2.5.1 自然地理

林周县位于拉萨市中部偏东。周边与城关区、达孜区、墨竹工卡县、嘉黎县、当雄县、堆龙德庆区为邻。地处雅鲁藏布江中游北部河谷地带,南北狭长,地貌以卡拉山为界,将全县分割为南、北两部分:北部属拉萨河上游及源流区域,以山地为主,谷坡陡峭;南部属拉萨河支流澎

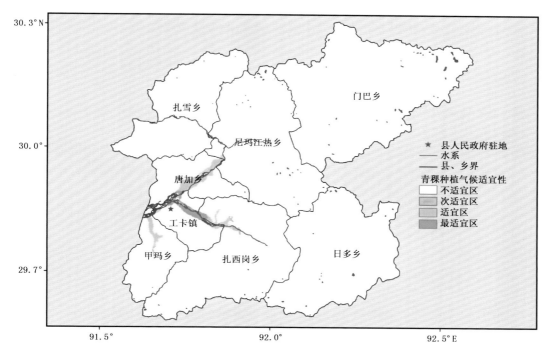

图 2.4 墨竹工卡县青稞种植气候适宜性区划

波曲流域,地势平坦,谷地开阔。最高山峰桑热海拔 5 569 m。主要河流有热振藏布、拉萨河等。面积约 0.40×10⁴ km²,2010 年总人口 50 246 人。县人民政府驻地在甘丹曲果镇,辖 1 个镇、9 个乡和 45 个村委会。

2.5.2 气候概况

林周县城属高原温带季风半干旱气候,气候温和,干湿季分明,日照充足。年平均气压 627.1 hPa;年日照时数 2 814 h,年太阳总辐射 6 204.1 MJ/m²;年平均气温 6.9 ℃,气温年较差 17.6 ℃;年极端最高气温 30.0 ℃(2019 年 7 月 2 日),年极端最低气温 −19.8 ℃(2019 年 1 月 16 日);≥0 ℃积温 2 355.4 ℃·d;年降水量 432.4 mm,日最大降水量 36.2 mm(2019 年 7 月 5 日);年无霜期 120~130 d。

林周县城最热月(6 月)平均气温 14.9 ℃,最冷月(1 月)平均气温 −2.7 ℃;最热月平均最高气温 22.5 ℃,最冷月平均最低气温 −10.9 ℃。

林周县主要有干旱、洪涝、霜冻、冰雹、雷电等气象灾害。夏旱发生频率为 12.1%,平均约 8 年一遇;夏涝发生频率为 19.0%,平均约 5 年一遇。霜冻主要发生在海拔 3 800 m 以上的农区,以早霜冻危害较重。冰雹主要出现在 7—8 月的雨季。林周县为强雷暴区,年雷暴日数 70 d 以上。

2.5.3 农业生产

林周县以农业为主,主要农作物有春青稞、冬小麦、春小麦、油菜和豌豆等。2017 年乡村从业人口 35 972 人,农林牧渔业产值 53 126 万元。2017 年末实有耕地面积 13 099.0 hm²,农田有效灌溉面积 10 642.0 hm²,农作物总播种面积 12 065.8 hm²。粮食播种面积 10 629.5 hm²,总产量 68 130.3 t,单产量 6 409.5 kg/hm²,其中,青稞播种面积 8 290.2 hm²,总产量49 869.7 t,单产量6 015.5 kg/hm²。

2.5.4 青稞种植气候适宜性区划

林周县青稞种植最适宜区面积约为 10 173.9 hm²,占耕地面积的 77.7%,主要分布于甘丹曲果镇、卡孜乡、江热夏乡的牛玛流域,春堆乡、强嘎乡和松盘乡的河谷地带。青稞种植适宜区面积约为 2 204.2 hm²,占耕地面积的 16.8%,主要分布于边交林乡的彭波曲流域和河谷地带,旁多乡有零星分布。青稞种植次适宜区面积约为720.7 hm²,占耕地面积的 5.5%,主要分布于唐古乡、旁多乡高海拔地区(图 2.5)。

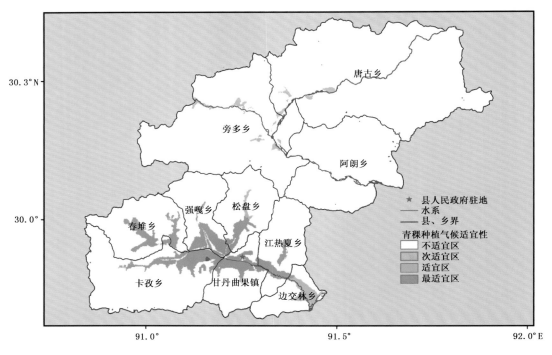

图 2.5　林周县青稞种植气候适宜性区划

2.6　曲水县青稞种植气候适宜性区划

2.6.1　自然地理

曲水县位于拉萨市南部、拉萨河下游、雅鲁藏布江的中游北岸。周边与当雄县、尼木县、浪卡子县、贡嘎县、堆龙德庆区为邻。地处雅鲁藏布江中游河谷地带,地势平坦。地形东西略高,中部较低。最高山峰工津海拔 5 842 m。主要河流有雅鲁藏布江、拉萨河等。面积约 0.16×10⁴ km²,2010 年总人口 52 249 人。县人民政府驻地在曲水镇,辖 1 个镇、5 个乡和 17 个村委会。

2.6.2　气候概况

曲水县城属高原温带季风半干旱气候,日照充足,太阳辐射强,气候温和,夏季雨水高度集中,冬季干燥、多大风。年平均气压 641.9 hPa;年日照时数 3 066.0 h,年太阳总辐射 6 469.1 MJ/m²;年平均气温 8.1 ℃,气温年较差 17.5 ℃;年极端最高气温 32.9 ℃(2019 年 6 月 24 日),年极端最低气温—16.3 ℃(2018 年 12 月 30 日);≥0 ℃积温 2 620.5 ℃·d;年降水量 382.7 mm;日最大降水量 59.6 mm(2018 年 8 月 30 日);年无霜期 130 d。

曲水县城最热月(6 月)平均气温 15.7 ℃,最冷月(1 月)平均气温—1.8 ℃;最热月平均最高气温 22.8 ℃,最冷月平均最低气温—9.1 ℃。

曲水县主要有干旱、霜冻、冰雹、大风(风沙)、雷电等气象灾害。干旱发生的频率较高,约占统计年份的 50%,且重旱发生的频率也较高。霜冻多发生在海拔 3 800 m 以上的地区,以早霜冻危害最重。冰雹主要出现在 7—8 月的雨季。年大风日数为 30 d 左右,春季大风较多,主要发生在雅鲁藏布江河谷地带,常引起扬沙,造成贡嘎机场航班延误或取消。曲水县为强雷暴区,年雷暴日数在 70 d 以上。

2.6.3　农业生产

曲水县以农业为主,主要农作物有冬小麦、春小麦、春青稞、油菜、玉米、豌豆等。2017 年乡村从业人口 19 593 人,农林牧渔业产值 32 300 万元。2017 年末实有耕地面积 4 429.9 hm²,农田有效灌溉面积 311.0 hm²,农作物总播种面积 7 593.0 hm²。粮食播种面积 3 355.2 hm²,总产量 15 454.5 t,单产量 4 606.1 kg/hm²,其中,青稞播种面积 2 046.7 hm²,总产量 8 584.8 t,单产量 4 194.5 kg/hm²。

2.6.4　青稞种植气候适宜性区划

曲水县青稞种植最适宜区面积约为 2 880 hm²,占耕地面积的 65.0%,主要分布于聂当乡、才纳乡、南木乡、曲水镇和达嘎乡的拉萨河流域。青稞种植适宜区面积约为 1 495.1 hm²,占耕地面积的 33.8%,主要分布于茶巴拉乡和达嘎乡的雅鲁藏布江流域。青稞种植次适宜区面积约为 54.9 hm²,占耕地面积的 1.2%,分布于达嘎乡高海拔地区(图 2.6)。

2.7　尼木县青稞种植气候适宜性区划

2.7.1　自然地理

尼木县位于拉萨市西端、雅鲁藏布江中游北岸。周边与当雄县、曲水县、浪卡子县、仁布县、南木林县、班戈县接壤。地处雅鲁藏布江中游北侧河谷地带,境内群山连绵,山峦起伏,河谷纵横;地势西高东低,平均海拔在 4 000 m 以上。最高山峰穷母岗日海拔 7 048 m,主要河流有雅鲁藏布江、尼木玛曲等。面积约 3 275 km²,2010 年总人口 28 149 人。县人民政府驻地在塔荣镇,辖 1 个镇、7 个乡和 32 个村委会。

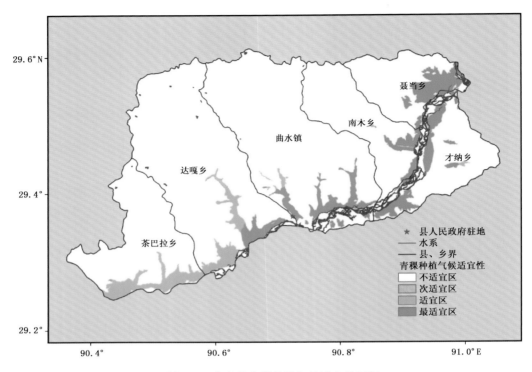

图 2.6 曲水县青稞种植气候适宜性区划

2.7.2 气候概况

尼木县城属高原温带季风半干旱气候,日照充足,太阳辐射强;夏季雨水集中,冬季极为干燥少雨。年平均气压 639.7 hPa;年日照时数 3 182.1 h,年太阳总辐射 6 573.2 MJ/m²;年平均气温 7.2 ℃,气温年较差 17.5 ℃;年极端最高气温 30.1 ℃(2019 年 6 月 24 日),年极端最低气温 −20.8 ℃(2019 年 12 月 28 日);≥0 ℃积温 2 792.1 ℃·d;年降水量 348.9 mm,日最大降水量 45.0 mm(2007 年 8 月 19 日);年蒸发量 2 258.4 mm;年平均相对湿度 42%;年平均风速 1.2 m/s,最多风向为西南风;年无霜期 136 d;年积雪日数 4.8 d;年最大冻土深度 50 cm。

尼木县城最热月(6 月)平均气温 15.3 ℃,最冷月(1 月)平均气温 −2.2 ℃;最热月平均最高气温 23.5 ℃,最冷月平均最低气温 −11.8 ℃。

尼木县主要有干旱、霜冻、冰雹、大风、雷电等气象灾害。夏旱发生的频率高,为 25.7%,平均约 4 年一遇,且重旱发生频率也较其他县(区)高。年冰雹日数为 3.6 d,主要出现在 7—8月。年大风日数为 12.6 d,冬、春季节出现大风较多。该县为中雷暴区,年雷暴日数为 49.2 d,最多可达 79 d(1975 年),最少 22 d(2007 年),雷暴集中在 5—9 月,占年雷暴日数的 96.7%。

2.7.3 农业生产

尼木县以农业为主,主要农作物有春青稞、春小麦、油菜、玉米、豌豆和蚕豆等。2017 年乡村从业人口 15 757 人,农林牧渔业产值 28 742 万元。2017 年末实有耕地面积 2 787.0 hm²,农田有效灌溉面积 2 459.0 hm²,农作物总播种面积 2 437.5 hm²。粮食播种面积 1 640.2 hm²,总产量 7 865.0 t，单产量 4795.1 kg/hm²，其中，青稞播种面积 1 175.4 hm²，总产量 6 755.5 t，单产量 5 747.4 kg/hm²。

2.7.4 青稞种植气候适宜性区划

尼木县青稞种植以适宜区为主，面积约为 2 722.4 hm²，占耕地面积的 97.7%，主要分布于帕古乡、尼木乡和塔荣镇的尼木玛曲流域、续迈乡的续曲流域、麻江乡的河谷地带。青稞种植最适宜区和次适宜区面积约为 64.6 hm²，占耕地面积的 2.3%，最适宜区分布于帕古乡，次适宜区在续迈乡零星分布(图 2.7)。

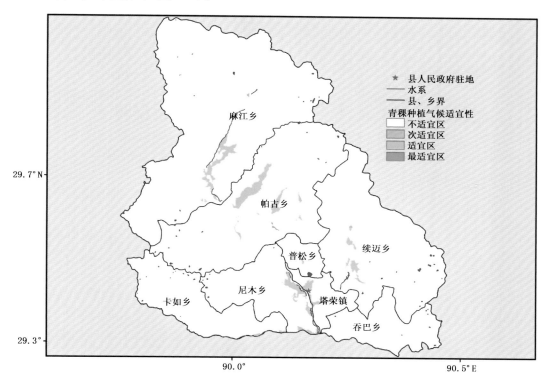

图 2.7　尼木县青稞种植气候适宜性区划

第3章 昌都市各县(区)青稞种植气候适宜性区划

3.1 卡若区青稞种植气候适宜性区划

3.1.1 自然地理

卡若区位于昌都市北部、澜沧江上游。地势北高南低,西南部为连绵起伏的他念他翁山,东部为耸立的芒康山和达马拉山,西部、中部和北部地区,由于三河一江的长期切割作用,地貌隆凸,河谷切割较深,险峰峻岭,沟壑纵横。主要河流有澜沧江、扎曲、昂曲、色曲和热曲等。面积约 1.07×10^4 km²,2010 年总人口 116 500 人。区人民政府驻地在城关镇,辖 3 个镇、12 个乡和 167 个村(居)委会。

3.1.2 气候概况

卡若区城区属高原温带季风半湿润半干旱气候,日照充足,干湿季分明。年平均气压681.5 hPa;年日照时数 2 412.4 h,年太阳总辐射 5 167.7 MJ/m²;年平均气温 7.8 ℃,气温年较差 17.9 ℃;年极端最高气温 33.4 ℃(1972 年 7 月 8 日),年极端最低气温−20.7 ℃(1982年 12 月 26 日);≥0 ℃积温 2 972.4 ℃·d;年降水量 489.3 mm,日最大降水量 55.3 mm(1971 年 7 月 29 日和 2019 年 7 月 14 日);年蒸发量 1 598.1 mm;年平均相对湿度51%;年平均风速 1.0 m/s,最多风向为西风;年无霜期 119 d;年积雪日数 12.7 d;年最大冻土深度81 cm。

卡若区城区最热月(7 月)平均气温 16.3 ℃,最冷月(1 月)平均气温−1.6 ℃;最热月平均最高气温 24.2 ℃,最冷月平均最低气温−9.6 ℃。

卡若区主要有干旱、洪涝、霜冻、冰雹、雷电、大风等气象灾害。夏旱发生频率为 12.5%,平均约 8 年一遇;夏涝发生频率为 20.8%,平均约 5 年一遇。年冰雹日数为 5.2 d,主要出现在 5—9 月,占年冰雹日数的 78.8%。该区属于中雷暴区,年雷暴日数为 48.5 d,最多可达68 d(1967 年),最少为 37 d(2008 年),主要集中在 5—9 月,占年雷暴日数的 90.1%。年大风日数24.1 d,多出现在冬、春季,占年大风日数的 70.5%。

3.1.3 农业生产

卡若区为半农半牧县,农作物有春青稞、冬小麦、春小麦、油菜、豌豆和蚕豆等。2017 年乡村从业人口 43 471 人,农林牧渔业产值 48 823 万元。2017 年末实有耕地面积 5 261.0 hm²,农田有效灌溉面积 1 824.0 hm²,农作物总播种面积 5 985.2 hm²,粮食播种面积 4 729.0 hm²,总产量 20 382.4 t,单产量 4 310.1 kg/hm²,其中,青稞播种面积 3 942.5 hm²,总产量19 527.5 t,

单产量 4 953.1 kg/hm²。

3.1.4 青稞种植气候适宜性区划

卡若区青稞种植最适宜区面积约为 3 506.8 hm²,占耕地面积的 66.7%,主要分布于嘎玛乡的子曲流域、柴维乡、日通乡和如意乡的扎曲流域,俄洛镇的昂曲流域,城关镇、埃西乡和卡若镇的澜沧江流域。青稞种植适宜区面积约为 1 585.1 hm²,占耕地面积的 30.1%,主要分布于芒达乡、俄洛镇较高海拔地区。青稞种植次适宜区面积约为 168.9 hm²,占耕地面积的 3.2%,主要分布于芒达乡高海拔地区(图 3.1)。

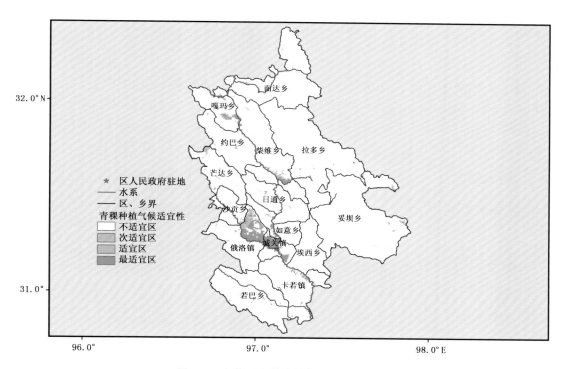

图 3.1　卡若区青稞种植气候适宜性区划

3.2　丁青县青稞种植气候适宜性区划

3.2.1 自然地理

丁青县位于昌都市西北部,与巴青县、索县、边坝县、类乌齐县和青海省接壤。地处他念他翁山西南地带,属藏东高原峡谷地貌类型,地势开阔高峻。主要河流有怒江、嘎曲、木曲、卸曲、打曲、骑曲等,湖泊有布冲错、布托错穷。面积约 1.30×10⁴ km²,2010 年总人口 69 888 人。县人民政府驻地在丁青镇,辖 2 个镇、11 个乡和 64 个村(居)委会。

3.2.2 气候概况

丁青县城属高原温带季风半湿润气候,日照较为充足,夏季气候温凉,冬季较冷。年平均气压 635.7 hPa;年日照时数 2 508.6 h,年太阳总辐射 5 618.1 MJ/m²;年平均气温 3.7 ℃,气温年较差 18.5 ℃;年极端最高气温 27.2 ℃(2016 年 8 月 19 日),年极端最低气温 -24.4 ℃ (1964 年 12 月 17 日);≥0 ℃积温 1 888.2 ℃·d;年降水量 641.0 mm,日最大降水量 46.6 mm(1971 年 8 月 8 日);年蒸发量 1 421.7 mm;年平均相对湿度 58%;年平均风速 1.4 m/s,最多风向为西北风;年无霜期 60 d;年积雪日数 59.2 d;年最大冻土深度 95 cm。

丁青县城最热月(7 月)平均气温 12.6 ℃,最冷月(1 月)平均气温 -5.9 ℃;最热月平均最高气温 19.5 ℃,最冷月平均最低气温 -12.2 ℃。

丁青县主要有干旱、洪涝、雪灾、霜冻、冰雹、雷电、大风等气象灾害。夏旱发生频率为 18.8%,平均约 5 年一遇;夏涝发生频率为 20.8%,平均约 5 年一遇。年冰雹日数为 8.5 d,最多年可达 31 d(1974 年);冰雹主要出现在 5—9 月,占年冰雹日数的 90.6%。年大风日数 50.2 d,冬、春季出现大风较多,占年大风日数的 51.8%。该县属于多雷暴区,年雷暴日数为 54.1 d,最多 103 d(1965 年),最少 35 d(2008 年),主要集中在 5—9 月,占年雷暴日数的 89.6%。

3.2.3 农业生产

丁青县为半农半牧县,农作物有春青稞、春小麦、油菜和豌豆等。2017 年乡村从业人口 43 086 人,农林牧渔业产值 57 149 万元。2017 年末实有耕地面积 8 393.0 hm²,农田有效灌溉面积 1 122.0 hm²,农作物总播种面积 8 393.0 hm²。粮食播种面积 6 894.0 hm²,总产量 26 600.0 t,单产量 3 858.4 kg/hm²,其中,青稞播种面积 6 405.0 hm²,总产量 25 250.0 t,单产量 3 942.2 kg/hm²。

3.2.4 青稞种植气候适宜性区划

丁青县青稞种植最适宜区面积约为 712.2 hm²,占耕地面积的 8.5%。青稞种植适宜区面积约为 4 158.2 hm²,占耕地面积的 49.5%,主要分布于觉恩乡、桑多乡、沙贡乡、当堆乡、尺牍镇、协雄乡和丁青镇的打曲、卸曲流域。青稞种植次适宜区面积约为 3 522.5 hm²,占耕地面积的 42.0%,主要分布于色扎乡、丁青镇、协雄乡、当堆乡和尺牍镇的高海拔地区(图 3.2)。

3.3 类乌齐县青稞种植气候适宜性区划

3.3.1 自然地理

类乌齐县位于昌都市西北部,北邻青海省,东连卡若区,南靠洛隆县、八宿县,西接丁青县。地处他念他翁山脉东段、澜沧江与怒江上游。地势由西北向东南倾斜。东南部地区属高山峡谷地形,西北部属高原地形。境内海拔在 4 500 m 以上。主要河流有紫曲、昂曲、格曲、吉曲、布曲、色曲等。面积 0.59×10⁴ km²,2010 年总人口 49 870 人。县人民政府驻地在桑多镇,辖 2 个镇、8 个乡和 82 个村(居)委会。

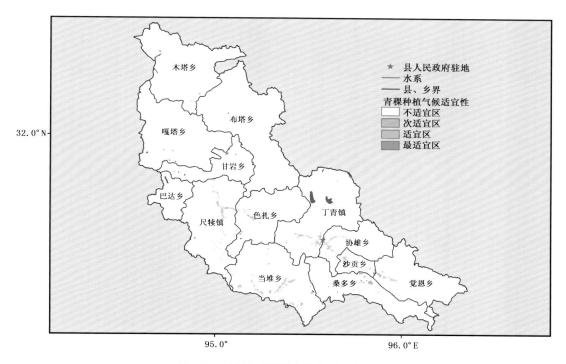

图 3.2　丁青县青稞种植气候适宜性区划

3.3.2　气候概况

　　类乌齐县城属高原温带季风半湿润气候,光照充足,气温偏低,降水较为充沛。年平均气压 641.3 hPa;年日照时数 2 208.3 h,年太阳总辐射 5 007.3 MJ/m²;年平均气温 3.2 ℃,气温年较差 19.2 ℃;年极端最高气温 28.7 ℃(2006 年 7 月 17 日),年极端最低气温－29.4 ℃(1983 年 2 月 7 日);≥0 ℃积温 1 804.9 ℃·d;年降水量 608.8 mm,日最大降水量 50.2 mm(2006 年 6 月 28 日);年蒸发量 1 342.4 mm;年平均相对湿度 59%;年平均风速 1.4 m/s,最多风向为北风;年无霜期 67 d;年积雪日数 43.9 d;年最大冻土深度 160 cm。

　　类乌齐县城最热月(7 月)平均气温 12.3 ℃,最冷月(1 月)平均气温－6.9 ℃;最热月平均最高气温 20.1 ℃,最冷月平均最低气温－15.4 ℃。

　　类乌齐县主要有干旱、洪涝、雪灾、霜冻、雷电、大风等气象灾害。夏旱发生频率为 13.3%,平均约 8 年一遇;夏涝发生频率为 16.7%,平均约 6 年一遇。年冰雹日数为 10.5 d,最多年为 25 d(1984 年);冰雹主要出现在 5—9 月,占年冰雹日数的 90.5%。该县属于中雷暴区,年雷暴日数为 45.4 d,最多 66 d(1991 年),最少 24 d(2009 年),主要集中在 5—9 月,占年雷暴日数的 88.1%。年大风日数 19.6 d,主要出现在冬、春两季,占年大风日数的 71.9%。

3.3.3　农业生产

　　类乌齐县为半农半牧县,主要农作物有春青稞、春小麦、豌豆和马铃薯等。2017 年乡村从业人口 19 781 人,农林牧渔业产值 35 563 万元。2017 年末实有耕地面积 2 980.0 hm²,农田有效灌溉面积 400.0 hm²,农作物总播种面积 2 980.0 hm²。粮食播种面积 2 470.0 hm²,总产量 9 075.0 t,单产量 3 674.1 kg/hm²,其中,粮食作物全部为青稞。

3.3.4 青稞种植气候适宜性区划

类乌齐县青稞种植最适宜区面积约为 1 080.3 hm²,占耕地面积的 36.3%,主要分布于尚卡乡的昂曲岸边、桑多镇的若曲岸边。青稞种植适宜区面积约为 1 606.5 hm²,占耕地面积的 53.9%,主要分布于伊日乡、滨达乡。青稞种植次适宜区面积约为 293.1 hm²,占耕地面积的 9.8%,主要分布于类乌齐镇的紫曲流域(图 3.3)。

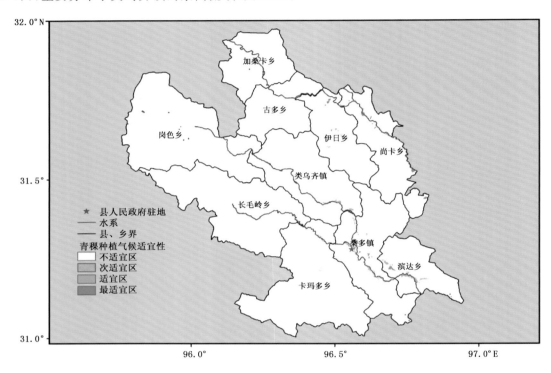

图 3.3　类乌齐县青稞种植气候适宜性区划

3.4　洛隆县青稞种植气候适宜性区划

3.4.1 自然地理

洛隆县位于昌都市西南部,周边与边坝县、波密县、八宿县、类乌齐县和丁青县接壤。地处青藏高原东部、念青唐古拉山脉的北麓和他念他翁山之间、怒江中游流域。地势南高北低,呈扇形向东北倾斜,平均海拔在 4 000 m 以上。主要河流有怒江、卓玛朗错曲、若曲、雄曲、打曲、巴曲等。面积 0.82×10⁴ km²,2010 年总人口 47 491 人。县人民政府驻地在孜托镇,辖 4 个镇、7 个乡和 66 个村(居)委会。

3.4.2　气候概况

洛隆县城属高原温带季风半湿润半干旱气候,日照时间较长,降水分布不均,雨季、干季分明。年平均气压 653.9 hPa;年日照时数 2 581.2 h,年太阳总辐射 5 307.7 MJ/m²;年平均气温 5.7 ℃,气温年较差 18.4 ℃;年极端最高气温 30.6 ℃(2006 年 7 月 17 日),年极端最低气温 −22.1 ℃(1983 年 1 月 4 日);≥0 ℃积温 2 378.9 ℃·d;年降水量 421.9 mm,日最大降水量 39.2 mm(1997 年 9 月 3 日);年蒸发量 2 046.3 mm;年平均相对湿度 54%;年平均风速 2.8 m/s,最多风向为东南风;年无霜期 125 d;年积雪日数 21.9 d;年最大冻土深度 87 cm。

洛隆县城最热月(7月)平均气温 14.7 ℃,最冷月(1月)平均气温 −3.7 ℃;最热月平均最高气温 22.0 ℃,最冷月平均最低气温 −11.3 ℃。

洛隆县主要有干旱、洪涝、霜冻、大风、雷电等气象灾害。夏旱和夏涝发生频率均为 17.2%,平均 5~6 年一遇。年大风日数为 33.5 d,冬、春季出现大风较多,约占年大风日数的 73.4%。该县属于少雷暴区,年雷暴日数为 19.8 d,主要集中在 5—9 月,占年雷暴日数的 86.9%。

3.4.3　农业生产

洛隆县为半农半牧县,农作物有春青稞、春小麦、油菜、豌豆和马铃薯等。2017 年乡村从业人口 23 236 人,农林牧渔业产值 33 777 万元。2017 年末实有耕地面积 5 853.0 hm²,农田有效灌溉面积 4 969.0 hm²,农作物总播种面积 6 696.7 hm²。粮食播种面积 5 224.9 hm²,总产量 23 515.7 t,单产量 4 500.7 kg/hm²,其中,青稞播种面积 4 078.0 hm²,总产量 18 555.2 t,单产量 4 550.1 kg/hm²。

3.4.4　青稞种植气候适宜性区划

洛隆县青稞种植最适宜区面积约为 1 464.6 hm²,占耕地面积的 25.0%,主要分布于俄西乡怒江岸边。青稞种植适宜区面积约为 3 690.6 hm²,占耕地面积的 63.1%,在县域内均有分布,其中,中亦乡、硕督镇、孜托镇、马利镇面积较大。青稞种植次适宜区面积约为 698.1 hm²,占耕地面积的 11.9%,主要分布于中亦乡、新荣乡、孜托镇、马利镇的高海拔地区(图 3.4)。

3.5　八宿县青稞种植气候适宜性区划

3.5.1　自然地理

八宿县位于昌都市中南部,与类乌齐县、卡若区、察雅县、左贡县、洛隆县、波密县和察隅县相连,地处三江流域高山峡谷地带。北部为他念他翁山,南部有伯舒拉岭山脉连绵耸立,中部有怒江横穿过境。东北部地区地势平坦开阔,平均海拔 4 300 m,东部海拔较高,为高原大陆区,其余的地区均为高山峡谷。主要河流有怒江、冷曲、玉曲等,湖泊有然乌湖、安目错、仁错等。面积 1.26×10⁴ km²,2010 年总人口 39 021 人。县人民政府驻地在白玛镇,辖 4 个镇、10 个乡和 110 个村(居)委会。

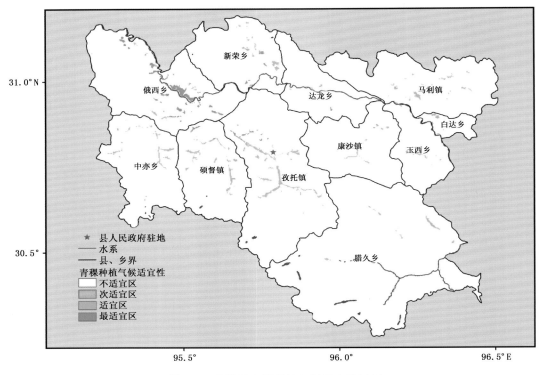

图 3.4　洛隆县青稞种植气候适宜性区划

3.5.2　气候概况

八宿县城属高原温带季风干旱气候,日照充足,降水少、空气干燥,夏季气温高。年平均气压 684.6 hPa;年日照时数 2 728.0 h,年太阳总辐射 3 568.6 MJ/m²;年平均气温 10.7 ℃,气温年较差 18.2 ℃;年极端最高气温 33.4 ℃(2006 年 7 月 17 日),年极端最低气温−16.9 ℃(1982 年 12 月 26 日);≥0 ℃积温 3 908.8 ℃·d;年降水量 261.1 mm,日最大降水量 40.2 mm(1997 年 7 月 8 日);年蒸发量 2 626.5 mm;年平均相对湿度 41%;年平均风速 2.3 m/s,最多风向为西风;年无霜期 193 d;年积雪日数 3.5 d;年最大冻土深度 3 cm。

八宿县城最热月(7 月)平均气温 19.3 ℃,最冷月(1 月)平均气温 1.1 ℃;最热月平均最高气温 26.0 ℃,最冷月平均最低气温−5.7 ℃。

八宿县主要有干旱、洪涝、霜冻、大风等气象灾害。夏旱和夏涝发生频率均为 27.6%,平均 3~4 年一遇。年大风日数为 22.5 d,冬、春季大风较多,占年大风日数的 78.7%。该县为少雷暴区,年雷暴日数 13.0 d,最多年 29 d(1986 年),高度集中在 5—9 月,占年雷暴日数的 97.7%。

3.5.3　农业生产

八宿县为半农半牧县,农作物有春青稞、冬小麦、春小麦、油菜、玉米、高粱、豌豆等。2017 年乡村从业人口 23 543 人,农林牧渔业产值 22 271 万元。2017 年末实有耕地面积 2 700.0 hm²,农田有效灌溉面积 2 358.0 hm²,农作物总播种面积 3 386.7 hm²。粮食播种面积 2 953.4 hm²,总产量10 933.7 t,单产量 3 702.1 kg/hm²,其中,青稞播种面积 1 988.0 hm²,总产量 8 171.0 t,单产量4 110.2 kg/hm²。

3.5.4 青稞种植气候适宜性区划

八宿县青稞种植最适宜区面积约为 28.3 hm²,占耕地面积的 1.0%,在白玛镇有零星分布。青稞种植适宜区面积约为 2 261.6 hm²,占耕地面积的 83.8%,主要分布于吉达乡、白玛镇、拉根乡、林卡乡、卡瓦白庆乡、邦达镇的怒江流域。青稞种植次适宜区面积约为 410.2 hm²,占耕地面积的 15.2%,主要分布于同卡镇(图 3.5)。

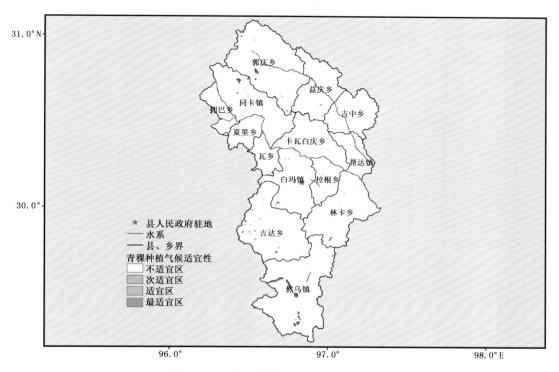

图 3.5　八宿县青稞种植气候适宜性区划

3.6　左贡县青稞种植气候适宜性区划

3.6.1　自然地理

左贡县位于昌都市东南部,周边与八宿县、察隅县、芒康县、察雅县和云南省为邻。地处他念他翁山和伯舒拉岭的南段、怒江和澜沧江之间的上游山区,为藏东南高山峡谷地带。地势北高南低,平均海拔 3 700 m 左右。主要河流有怒江、澜沧江、玉曲等。面积约 1.17×10⁴ km²,2010 年总人口 44 320 人。县人民政府驻地在旺达镇,辖 3 个镇、7 个乡和 128 个村(居)委会。

3.6.2 气候概况

左贡县城属高原温带季风半干旱气候,夏季降水集中,冬季干燥寒冷。年平均气压642.0 hPa;年日照时数 2 240.5 h,年太阳总辐射 4 335.4 MJ/m²;年平均气温 4.7 ℃,气温年较差 18.1 ℃;年极端最高气温 27.9 ℃(2006 年 7 月 17 日),年极端最低气温−23.0 ℃(1983年 1 月 5 日);≥0 ℃积温 2 135.7 ℃·d;年降水量 455.5 mm,日最大降水量 45.2 mm(2004年 7 月 20 日);年蒸发量 1 671.3 mm;年平均相对湿度 55%;年平均风速 1.4 m/s,最多风向为东南风;年无霜期 104 d;年积雪日数 17.7 d;年最大冻土深度大于 100 cm。

左贡县城最热月(7 月)平均气温 13.2 ℃,最冷月(1 月)平均气温−5.3 ℃;最热月平均最高气温 20.0 ℃,最冷月平均最低气温−12.6 ℃。

左贡县主要有干旱、洪涝、霜冻、冰雹、雷电、大风等气象灾害。夏旱和夏涝发生频率均为12.9%,平均约 8 年一遇。年冰雹日数为 5.5 d,最多年为 17 d(1984 年);冰雹主要出现在 5—9 月,占年冰雹日数的 96.4%。该县属于中雷暴区,年雷暴日数为 25.2 d,最多年为 36 d(1998年),主要发生在 5—9 月,占年雷暴日数的 97.2%。年大风日数 6.3 d,多出现冬、春季,占年大风日数的 84.1%。

3.6.3 农业生产

左贡县以农业为主,农作物有春青稞、冬小麦、春小麦、油菜、玉米、高粱和豌豆等。2017年乡村从业人口 30 417 人,农林牧渔业产值 29 457 万元。2017 年末实有耕地面积 2 665.0 hm²,农田有效灌溉面积 1 490.0 hm²,农作物总播种面积 3 856.9 hm²。粮食播种面积3 371.2 hm²,总产量 16 869.8 t,单产量 5 004.1 kg/hm²,其中,青稞播种面积 1 524.7 hm²,总产量 7 703.2 t,单产量 5 052.3 kg/hm²。

3.6.4 青稞种植气候适宜性区划

左贡县青稞种植最适宜区面积约为 816.4 hm²,占耕地面积的 30.6%,主要分布于仁果乡。青稞种植适宜区面积约为 1 725.4 hm²,占耕地面积的 64.8%,主要分布于东坝乡、中林卡乡、田妥镇和旺达镇的玉曲流域。青稞种植次适宜区面积约为 123.3 hm²,占耕地面积的4.6%,主要分布于美玉乡和田妥镇的高海拔地区(图 3.6)。

3.7 芒康县青稞种植气候适宜性区划

3.7.1 自然地理

芒康县位于昌都市东南部,东邻四川省,东南靠云南省,西连左贡县,北与察雅县、贡觉县接壤。属金沙江、怒江、澜沧江流域高山峡谷地区。地势北高南低。横断山脉斜贯西南边界地区;怒山横贯南部境地;中部芒康山脉蜿蜒起伏,高高耸立,纵贯南北县境。主要河流有金沙江、澜沧江、嘎曲、刚达曲、宗曲等,主要湖泊有莽错等。面积约 1.14×10⁴ km²,2010 年总人口81 399 人。县人民政府驻地在嘎托镇,辖 2 个镇、14 个乡和 61 个村(居)委会。

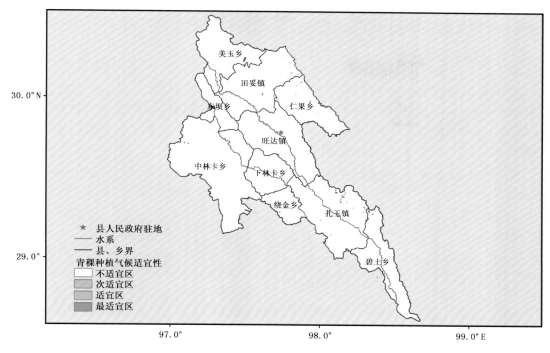

图 3.6　左贡县青稞种植气候适宜性区划

3.7.2　气候概况

芒康县城属高原温带季风半湿润气候,夏季温凉湿润,冬季寒冷干燥。年平均气压 636.8 hPa;年日照时数 2 575.0 h,年太阳总辐射 5 199.0 MJ/m²;年平均气温 3.9 ℃,气温年较差 17.3 ℃;年极端最高气温 26.1 ℃(1983 年 7 月 8 日),年极端最低气温−24.6 ℃(1983 年 1 月 5 日);≥0 ℃积温 1 895.5 ℃·d;年降水量 590.2 mm,日最大降水量 55.5 mm(2012 年 6 月 18 日);年蒸发量 1 624.1 mm;年平均相对湿度 60%;年平均风速 2.1 m/s,最多风向为南风;年无霜期 88 d;年积雪日数 19.4 d;年最大冻土深度 62 cm。

芒康县城最热月(7 月)平均气温 12.0 ℃,最冷月(1 月)平均气温−5.3 ℃;最热月平均最高气温 18.5 ℃,最冷月平均最低气温−13.4 ℃。

芒康县主要有干旱、洪涝、霜冻、冰雹、雷电、大风等气象灾害。夏旱发生频率为 13.8%,平均约 7 年一遇;夏涝发生频率为 10.3%,平均约 10 年一遇。年冰雹日数为 8.9 d,最多年为 26 d(1986 年);冰雹主要出现在 5—9 月,占年冰雹日数的 94.4%。该县属于中雷暴区,年雷暴日数为 46.5 d,最多年可达 58 d(1998 年),最少年也有 34 d(2007 年);主要集中在 5—9 月,占年雷暴日数的 93.8%。年大风日数 7.5 d,以冬、春季大风居多,占年大风日数的 92.0%。

3.7.3　农业生产

芒康县以农业为主,主要农作物有春青稞、冬小麦、春小麦、油菜、玉米、荞麦和谷子等。2017 年乡村从业人口 54 102 人,农林牧渔业产值 47 984 万元。2017 年末实有耕地面积 5 328.0 hm²,农田有效灌溉面积 4 225.0 hm²,农作物总播种面积 7 498.7 hm²。粮食播种面积 6 240.6 hm²,总产量 28 208.4 t,单产量 4 520.1 kg/hm²,其中,青稞播种面积 3 528.2 hm²,总产量 14 987.2 t,单产量 4 247.8 kg/hm²。

3.7.4　青稞种植气候适宜性区划

芒康县青稞种植最适宜区面积约为 3 702.6 hm²,占耕地面积的 69.5%,主要分布于措瓦乡的各同培曲流域和熊曲流域、宗西乡的宗曲流域,如美镇、戈波乡、朱巴龙乡和索多西乡的金沙江流域。青稞种植适宜区面积约为 1 625.5 hm²,占耕地面积的 30.5%,主要分布于洛尼乡的嘎曲流域、宗西乡的宗曲流域较高海拔地区(图 3.7)。

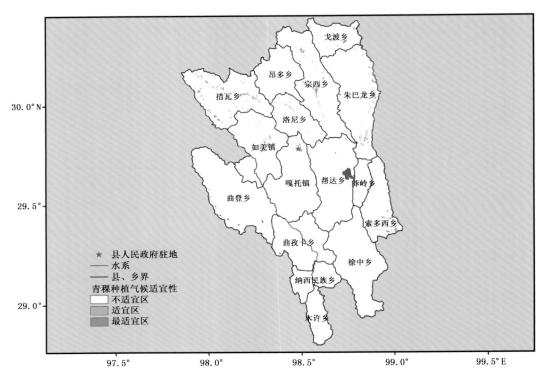

图 3.7　芒康县青稞种植气候适宜性区划

3.8　边坝县青稞种植气候适宜性区划

3.8.1　自然地理

边坝县位于昌都市的西部,周边与丁青县、索县、洛隆县、波密县、嘉黎县、比如县接壤。地处念青唐古拉山脉北麓、怒江上游,属三江流域峡谷地带,地势南高北低。境内山峦重叠,沟壑纵横,海拔高度在 3 500～5 000 m,相对高度差大于 1 000 m,平均海拔 3 600 m。主要河流有怒江、麦曲、姐曲、霞曲等。面积 0.89×10⁴ km²,2010 年总人口 35 767 人。县人民政府驻地在草卡镇,现辖 2 个镇、9 个乡和 82 个村(居)委会。

3.8.2 气候概况

边坝县城属高原温带季风半湿润半干旱气候,光照充足,夏季温凉湿润,冬季寒冷干燥,年平均气压 605.5 hPa;年日照时数 2 671.2 h,年太阳总辐射 4 789.2 MJ/m²;年平均气温 5.6 ℃,气温年较差 18.7 ℃,年极端最高气温 30.8 ℃(2018 年 8 月 19 日),年极端最低气温−20.2 ℃(2016 年 1 月 23 日);≥0 ℃积温约 2 372.0 ℃·d;年降水量 492.9 mm,日最大降水量 29.0 mm(2018 年 7 月 16 日);年无霜期 110 d。

边坝县城最热月(7 月)平均气温 14.2 ℃,最冷月(1 月)平均气温−4.5 ℃;最热月平均最高气温 20.9 ℃,最冷月平均最低气温−12.5 ℃。

边坝县主要有干旱、雪灾、冰雹、霜冻和大风等气象灾害。

3.8.3 农业生产

边坝县以农业为主,农作物有春青稞、冬小麦、春小麦、油菜和豌豆等。2017 年乡村从业人口 22 870 人,农林牧渔业产值 31 569 万元。2017 年末实有耕地面积 3 533.0 hm²,农田有效灌溉面积 1 610.0 hm²,农作物总播种面积 3 574.4 hm²。粮食播种面积 2 892.6 hm²,总产量 11 056.8 t,单产量 3 822.4 kg/hm²,其中,青稞播种面积 2 494.6 hm²,总产量 9 969.2 t,单产量 3 996.3 kg/hm²。

3.8.4 青稞种植气候适宜性区划

边坝县青稞种植最适宜区面积约为 765.0 hm²,占耕地面积的 21.7%,主要分布于热玉乡的怒江岸边、都瓦乡。青稞种植适宜区面积约为 1 344.8 hm²,占耕地面积的 38.1%,主要分布于尼木乡、马秀乡、草卡镇、沙丁乡的怒江岸边。青稞种植次适宜区面积约为 1 422.0 hm²,占耕地面积的 40.2%,主要分布于金岭乡、边坝镇、拉孜乡(图 3.8)。

3.9 江达县青稞种植气候适宜性区划

3.9.1 自然地理

江达县位于昌都市的东北部,东接四川省,南邻贡觉县,西连卡若区,西北靠青海省。地处藏东横断山、金沙江上游西岸,为金沙江流域的河谷地带。地势险峻,由西北向东南倾斜,平均海拔 3 800 m。主要河流有金沙江、热曲、字曲、藏曲、盖曲、郭曲等。面积约 1.32×10⁴ km²,2010 年总人口 76 026 人。县人民政府驻地在江达镇,辖 2 个镇、11 个乡和 95 个村(居)委会。

3.9.2 气候概况

江达县城属高原温带季风半湿润气候,由于山高谷深,气候垂直变化明显。夏季温凉湿润,冬季少雨干燥。年平均气压 663.2 hPa;年日照时数 2 392.0 h,年太阳总辐射 4 530.7 MJ/m²;年平均气温 6.0 ℃,气温年较差 18.8 ℃,年极端最高气温 33.1 ℃(2016 年 8 月 22 日),年极端最低气温−18.7 ℃(2019 年 1 月 16 日);≥0 ℃积温 2 504.0 ℃·d;年降水量 502.9 mm,日最大降水量 36.3 mm(2019 年 8 月 5 日);年无霜期 80~100 d。

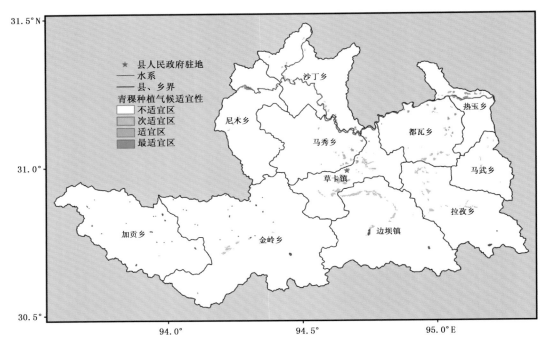

图3.8　边坝县青稞种植气候适宜性区划

江达县城最热月(7月)平均气温14.6 ℃,最冷月(1月)平均气温－4.2 ℃;最热月平均最高气温22.6 ℃,最冷月平均最低气温－12.5 ℃。

江达县主要有干旱、洪涝、雪灾、冰雹等气象灾害,以及泥石流、滑坡、山体崩塌等地质灾害。

3.9.3　农业生产

江达县为半农半牧县,主要农作物有青稞、春小麦、油菜和豌豆等。2017年乡村从业人口64 900人,农林牧渔业产值46 726万元。2017年末实有耕地面积为4 918.0 hm²,农田有效灌溉面积600.0 hm²,农作物总播种面积5 228.8 hm²。粮食播种面积4 672.8 hm²,总产量13 835.1 t,单产量2960.8 kg/hm²,其中,青稞播种面积4 215.9 hm²,总产量11 769.1 t,单产量2 791.6 kg/hm²。

3.9.4　青稞种植气候适宜性区划

江达县青稞种植最适宜区面积约为1 893.5 hm²,占耕地面积的38.5%,主要分布于汪布顶乡和岗托镇的金沙江岸边、同普乡的多曲流域、波罗乡的藏曲流域。青稞种植适宜区面积约为2 918.3 hm²,占耕地面积的59.3%,主要分布于汪布顶乡、岗托镇、岩比乡、波罗乡和娘西乡的河谷地带。青稞种植次适宜区面积约为105.8 hm²,占耕地面积的2.2%,主要分布于汪布顶乡的高海拔地区(图3.9)。

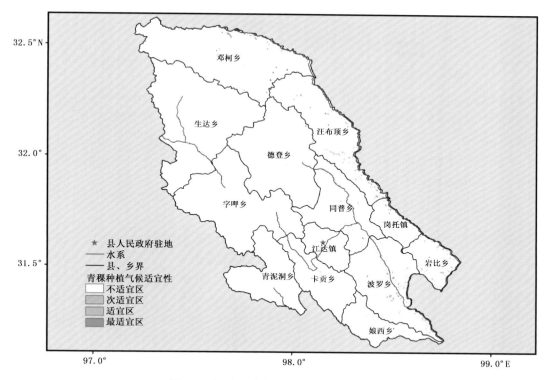

图 3.9　江达县青稞种植气候适宜性区划

3.10　贡觉县青稞种植气候适宜性区划

3.10.1　自然地理

贡觉县位于昌都市东部,周边与芒康县、察雅县、卡若区、江达县和四川省为邻。地处横断山脉北段、金沙江上游西岸。地势属藏东南三江流域的横断山峡谷地区。境内高山、草原、森林并存,地势由东南向西北倾斜。主要河流有金沙江、热曲、哇曲、卸曲等。面积约 $0.63×10^4$ km²,2010 年总人口 40 434 人。县人民政府驻地在莫洛镇,辖 1 个镇、11 个乡和 149 个村(居)委会。

3.10.2　气候概况

贡觉县城属高原温带季风半湿润气候,气温垂直变化明显,气温偏低,气温年较差较大。年平均气压 627.8 hPa;年日照时数 2 461.7 h,年太阳总辐射 5 007.3 MJ/m²;年平均气温 5.5 ℃,气温年较差 17.9 ℃,年极端最高气温 28.7 ℃(2019 年 6 月 24 日),年极端最低气温 −19.7 ℃(2018 年 12 月 20 日);≥0 ℃积温 2305.0 ℃·d;年降水量 492.9 mm,日最大降水量 33.1 mm(2019 年 7 月 12 日);年无霜期 80～100 d。

贡觉县城最热月(7月)平均气温13.6 ℃,最冷月(1月)平均气温−4.3 ℃;最热月平均最高气温21.3 ℃,最冷月平均最低气温−13.0 ℃。

贡觉县主要有干旱、冰雹、洪涝、霜冻、雪灾、泥石流、滑坡等气象灾害和地质灾害。

3.10.3 农业生产

贡觉县以农业为主,农作物有春青稞、春小麦、油菜、玉米、豌豆和蚕豆等。2017年乡村从业人口26 916人,农林牧渔业产值22 750万元。2017年末实有耕地面积4 080.0 hm²,农田有效灌溉面积2 353.0 hm²,农作物总播种面积4 284.3 hm²。粮食播种面积3 495.3 hm²,总产量13 585.1 t,单产量3 886.7 kg/hm²,其中,青稞播种面积3 347.4 hm²,总产量13 070.0 t,单产量3 904.5 kg/hm²。

3.10.4 青稞种植气候适宜性区划

贡觉县青稞种植最适宜区面积约为3 509.7 hm²,占耕地面积的86.0%,主要分布于莫洛镇和哈加乡的马曲流域、相皮乡的热曲流域、敏都乡和雄松乡。青稞种植适宜区面积约为570.3 hm²,占耕地面积的14.0%,主要分布于木协乡的雪曲流域(图3.10)。

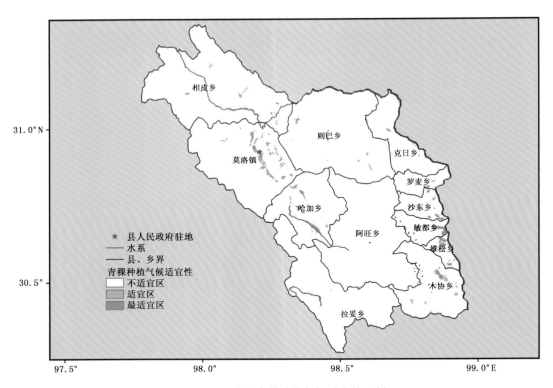

图3.10 贡觉县青稞种植气候适宜性区划

3.11 察雅县青稞种植气候适宜性区划

3.11.1 自然地理

察雅县位于昌都市中部,与卡若区、八宿县、左贡县、芒康县、贡觉县为邻。地处澜沧江中上游、他念他翁山与芒康山结合部。境内山高谷深,群山连绵,沟壑纵横,平均海拔在 3 500 m 以上。地势东、北、南三部略高,西部偏低,中部系河谷地带。主要河流有澜沧江、麦曲、色曲、汪布曲、勇曲等。面积约 0.84×10⁴ km²,2010 年总人口 56 789 人。县人民政府驻地在烟多镇,辖 3 个镇、10 个乡和 138 个村(居)委会。

3.11.2 气候概况

察雅县城属高原温带季风半湿润半干旱气候,日照充足,干湿分明,气候温和。年平均气压 642.2 hPa;年日照时数 2 610.2 h,年太阳总辐射 4 128.8 MJ/m²;年平均气温 10.4 ℃,气温年较差 19.3 ℃,年极端最高气温 35.9 ℃(2018 年 8 月 5 日),年极端最低气温 −11.2 ℃(2018 年 12 月 30 日);≥0 ℃积温 3 067.6 ℃·d;年降水量 279.4 mm,集中在 7—9 月,占年降水量的 90% 以上,日最大降水量 44.2 mm(2018 年 7 月 12 日);年无霜期约为 180 d。

察雅县城最热月(7月)平均气温 19.6 ℃,最冷月(1月)平均气温 0.3 ℃;最热月平均最高气温 26.8 ℃,最冷月平均最低气温 −6.2 ℃。

察雅县主要有干旱、冰雹、霜冻、洪涝等气象灾害。

3.11.3 农业生产

察雅县以农业为主,主要农作物有春青稞、春小麦、油菜、玉米、豌豆和蚕豆等。2017 年乡村从业人口 36 358 人,农林牧渔业产值 30 009 万元。2017 年末实有耕地面积 3 064.0 hm²,农田有效灌溉面积 99.0 hm²,农作物总播种面积 3 898.6 hm²。粮食播种面积 3 194.2 hm²,总产量 13 784.1 t,单产量 4 315.4 kg/hm²,其中,青稞播种面积 2 497.3 hm²,总产量 11 116.0 t,单产量 4 451.2 kg/hm²。

3.11.4 青稞种植气候适宜性区划

察雅县青稞种植最适宜区面积约为 1 947.0 hm²,占耕地面积的 63.5%,主要分布于王卡乡的史曲流域、荣周乡的麦曲流域、香堆镇的拉松曲流域和归达曲流域、宗沙乡的昌曲流域、巴日乡河谷地带。青稞种植适宜区面积约为 987.1 hm²,占耕地面积的 32.2%,主要分布于吉塘镇的色曲流域、烟多镇的麦曲流域、卡贡乡的澜沧江流域。青稞种植次适宜区面积约为 130.3 hm²,占耕地面积的 4.3%,主要分布于察拉乡(图 3.11)。

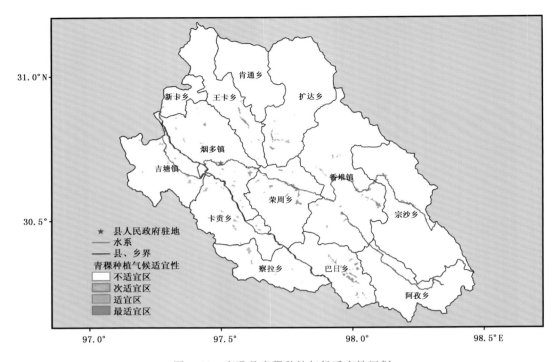

图 3.11　察雅县青稞种植气候适宜性区划

第4章 日喀则市各县(区)青稞种植气候适宜性区划

4.1 桑珠孜区青稞种植气候适宜性区划

4.1.1 自然地理

桑珠孜区位于日喀则市东部,地处雅鲁藏布江与年楚河汇流处的冲积平原。东邻仁布县,南连江孜县、白朗县,西靠萨迦县和谢通门县,北接南木林县。地形以平原、中山为主。面积约 $0.36×10^4$ km²,2010 年总人口 120 374 人。区人民政府驻地在城南街道,现辖 2 个街道、10 个乡和 171 个村(居)委会。

4.1.2 气候概况

桑珠孜城区属高原温带季风半干旱气候,日照时间长,太阳辐射强烈。夏季雨水集中,冬季降雪稀少、晴天多。年平均气压 638.0 hPa;年日照时数 3 176.3 h,年太阳总辐射 6 836.6 MJ/m²;年平均气温 6.8 ℃,气温年较差 17.7 ℃;年极端最高气温 29.0 ℃(2009 年 7 月 25 日),年极端最低气温 −25.1 ℃(1966 年 1 月 7 日);≥0 ℃积温 2 698.4 ℃·d;年降水量 429.9 mm,日最大降水量 53.5 mm(2018 年 8 月 30 日);年蒸发量 2 102.1 mm;年平均相对湿度 44%;年平均风速 1.5 m/s,最多风向为西南风;年无霜期 114 d;年积雪日数 2.1 d;年最大冻土深度 58 cm。

桑珠孜城区最热月(6 月)平均气温 14.5 ℃,最冷月(1 月)平均气温 −3.2 ℃;最热月平均最高气温 22.3 ℃,最冷月平均最低气温 −12.6 ℃。

桑珠孜区主要有干旱、洪涝、霜冻、冰雹、雷电、大风等气象灾害。夏旱发生频率为 25.0%,平均 4 年一遇;夏涝发生频率为 20.8%,平均约 5 年一遇。年冰雹日数为 5.7 d,最多年为 13 d(1987 年),主要出现在 5—9 月,占年冰雹日数的 94.7%。该区属于多雷暴区,年雷暴日数为 69.2 d,最多年达 100 d(1962 年),最少也有 54 d(2007 年),多发生在 5—9 月,占年雷暴日数的 96.1%。年大风日数 21.3 d,多出现在冬、春季,占年大风日数的 91.5%。

4.1.3 农业生产

桑珠孜区是西藏粮食基地,农作物有春青稞、春小麦、油菜、豌豆和马铃薯等。2017 年乡村从业人口 41 789 人,农林牧渔业产值 74 597 万元。2017 年末实有耕地面积 17 455.7 hm²,农田有效灌溉面积 8 358.0 hm²,农作物总播种面积 14 063.9 hm²。粮食播种面积 9 406.6 hm²,总产量 86 498.0 t,单产量 9 195.5 kg/hm²,其中,青稞播种面积 8 000.0 hm²,总产量 66 275.0 t,单产量 8 284.4 kg/hm²。

4.1.4 青稞种植气候适宜性区划

桑珠孜区青稞种植最适宜区面积约为 12 721.3 hm²,占耕地面积的 72.9%,主要分布于甲措雄乡的年楚河流域、曲布雄乡的惹曲和下曲流域、曲美乡的阿日孜流域,聂日雄乡、东嘎乡、边雄乡和江当乡的雅鲁藏布江流域。青稞种植适宜区面积约为 4 606.7 hm²,占耕地面积的 26.4%,主要分布于江当乡南部、年木乡和联乡的雅鲁藏布江流域。青稞种植次适宜区面积约为 127.7 hm²,占耕地面积的 0.7%,主要分布于东嘎乡的高海拔地区(图 4.1)。

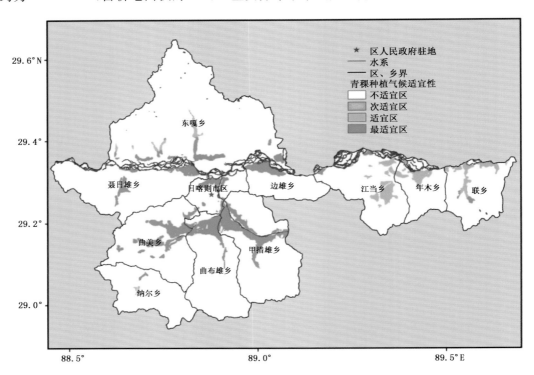

图 4.1 桑珠孜区青稞种植气候适宜性区划

4.2 江孜县青稞种植气候适宜性区划

4.2.1 自然地理

江孜县位于日喀则市东部,东邻浪卡子县,南接康马县,北连桑珠孜区和仁布县,西靠白朗县。地处西藏南部的冈底斯山脉与喜马拉雅山脉之间,地势南北部高,中西部低,境内海拔 4 000 m 左右。年楚河将县境分割成两大板块,其流域两岸为峡谷地带。面积约 0.38×10⁴ km²,2010 年总人口 63 503 人。县人民政府驻地在江孜镇,辖 1 个镇、18 个乡和 155 个村(居)委会。

4.2.2 气候概况

江孜县城属高原温带季风半干旱气候,夏季温凉较湿润,冬季寒冷干燥。年平均气压624.3 hPa;年日照时数 3 220.8 h,年太阳总辐射 6 910.8 MJ/m²,年平均气温 5.3 ℃,气温年较差 16.8 ℃;年极端最高气温 28.2 ℃(1987 年 7 月 19 日),年极端最低气温-25.2 ℃(2018年 12 月 21 日);≥0 ℃积温 2 213.8 ℃·d;年降水量 275.7 mm,日最大降水量 44.6 mm(2007 年 6 月 23 日);年蒸发量 2 407.0 mm;年平均相对湿度 47%;年平均风速 2.3 m/s,最多风向为东风;年无霜期 112 d;年积雪日数 5.2 d;年最大冻土深度 93 cm。

江孜县城最热月(6 月)平均气温 12.9 ℃,最冷月(1 月)平均气温-3.9 ℃;最热月平均最高气温 21.0 ℃,最冷月平均最低气温-13.5 ℃。

江孜县主要有干旱、洪涝、霜冻、冰雹、雷电、大风等气象灾害。夏旱和洪涝发生频率均为16.7%,平均约 6 年一遇。年冰雹日数为 4.5 d,最多年为 13 d(1961 年、1965 年和 1978 年),主要出现在 5—9 月,占年冰雹日数的 95.6%。该县属于多雷暴区,年雷暴日数为 64.4 d,最多可达 107 d(1977 年),最少为 18 d(2007 年),主要集中在 5—9 月,占年雷暴日数的 95.2%。年大风日数 26.3 d,主要出现在冬、春两季,占年大风日数的 89.7%。

4.2.3 农业生产

江孜县为西藏粮食基地,农作物有春青稞、春小麦和油菜等。2017 年乡村从业人口33 073 人,农林牧渔业产值 51 676 万元。2017 年末实有耕地面积 10 798.8 hm²,农田有效灌溉面积 9 227.0 hm²,农作物总播种面积 10 798.8 hm²,粮食播种面积 7 213.4 hm²,总产量69 570.8 t,单产量 9 644.7 kg/hm²,其中,青稞播种面积 6 866.7 hm²,总产量 60 628.5 t,单产量 8 829.4 kg/hm²。

4.2.4 青稞种植气候适宜性区划

江孜县青稞种植最适宜区面积约为 1 886.0 hm²,占耕地面积的 17.5%,主要分布于重孜乡年楚河流域东南部、紫金乡、江热乡西北部、康卓乡。青稞种植适宜区面积约为 8 437.1 hm²,占耕地面积的 78.1%,主要分布于卡麦乡和卡堆乡的河谷地带,纳如乡、达孜乡、热索乡、重孜乡年楚河流域西北部、日星乡、金嘎乡、江热乡东北部、江孜镇、年堆乡、车仁乡。青稞种植次适宜区面积约为 475.8 hm²,占耕地面积的 4.4%,主要分布于日朗乡、龙马乡和车仁乡的高海拔地区(图 4.2)。

4.3 南木林县青稞种植气候适宜性区划

4.3.1 自然地理

南木林县位于日喀则市东北部,雅鲁藏布江上游北岸。东邻尼木县、仁布县,南接桑珠孜区,西靠谢通门县,北连申扎县、班戈县。属高原性山地地形,地势东南部低,西北部高。面积约 0.83×10⁴ km²,2010 年总人口 74 930 人。县人民政府驻地在南木林镇,辖 1 个镇、16 个乡和 146 个村委会。

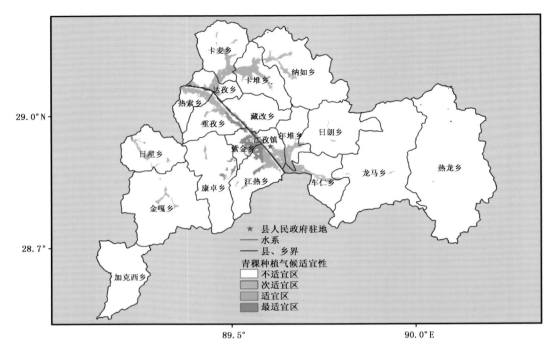

图 4.2 江孜县青稞种植气候适宜性区划

4.3.2 气候概况

南木林县城属高原温带季风半干旱气候,日照时间长,太阳辐射较强,夏季温和湿润,冬季较冷干燥。年平均气压 625.9 hPa;年日照时数 2 948.4 h,年太阳总辐射 5 887.2 MJ/m²;年平均气温 6.1 ℃,气温年较差 16.8 ℃;年极端最高气温 27.8 ℃(2019 年 6 月 25 日),年极端最低气温−17.8 ℃(1999 年 1 月 11 日);≥0 ℃积温 2 428.9 ℃·d;年降水量 457.6 mm,日最大降水量 52.7 mm(2008 年 6 月 16 日);年蒸发量 2 279.1 mm;年平均相对湿度 42%;年平均风速 1.6 m/s,最多风向为西南风;年无霜期 153 d;年积雪日数 3.4 d;年最大冻土深度48 cm。

南木林县城最热月(6 月)平均气温 13.9 ℃,最冷月(1 月)平均气温−2.9 ℃;最热月平均最高气温 21.4 ℃,最冷月平均最低气温−10.7 ℃。

南木林县主要有干旱、洪涝、霜冻、冰雹、雷电、大风等气象灾害。夏旱发生频率为26.7%,平均约 4 年一遇;夏涝发生频率为 20.0%,平均 5 年一遇。年冰雹日数为 3.1 d,最多年为 14 d(1979 年),主要出现在 5—9 月,占年冰雹日数的 99.9%。该县属于中雷暴区,年雷暴日数为 31.4 d,最多达 60 d(1984 年),主要集中在 5—9 月,占年雷暴日数的 96.2%。年大风日数 13.3 d,多出现在冬、春季,占年大风日数的 85.7%。

4.3.3 农业生产

南木林县以农业为主,农作物有春青稞、冬小麦、春小麦、油菜和马铃薯等。2017 年乡村从业人口 44 628 人,农林牧渔业产值 53 9253 万元。2017 年末实有耕地面积 10 909.4 hm²,

农田有效灌溉面积 7 891.0 hm²,农作物总播种面积 10 909.4 hm²。粮食播种面积 4 689.4 hm²,总产量 26 452.1 t,单产量 5 640.8 kg/hm²,其中,青稞播种面积 4 336.1 hm²,总产量24 394.2 t,单产量5 625.8 kg/hm²。

4.3.4 青稞种植气候适宜性区划

南木林县青稞种植最适宜区面积约为 6 830.3 hm²,占耕地面积的 62.6%,主要分布于多角乡和卡孜乡的香曲流域、艾玛乡的扭曲和孜东普曲流域、土布加乡的土布加普曲流域。青稞种植适宜区面积约为 3 961.4 hm²,占耕地面积的 36.3%,主要分布于南木林镇的香曲流域、奴玛乡和达孜乡的邬郁玛曲流域。青稞种植次适宜区面积约为 117.7 hm²,占耕地面积的 1.1%,主要分布于普当乡、奴玛乡的高海拔地区(图 4.3)。

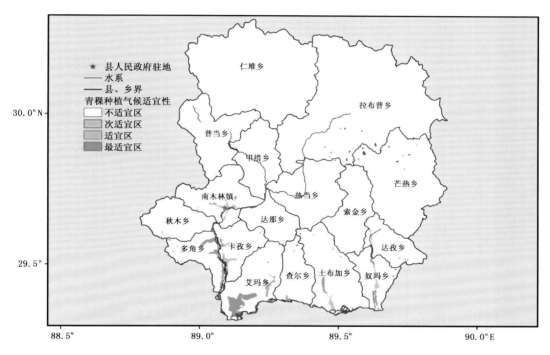

图 4.3　南木林县青稞种植气候适宜性区划

4.4 拉孜县青稞种植气候适宜性区划

4.4.1 自然地理

拉孜县位于日喀则市中部,念青唐古拉山脉最西部。东南邻萨迦县,南连定日县,西北靠昂仁县,东北依谢通门县。地势西南高,东北低,平均海拔 4 100 m 左右,相对高差明显。沿雅鲁藏布江一线海拔较低,山势平缓,沟壑纵横,其余地方群山连绵,山势高峻,山峰林立,海拔较高。面积约0.44×10⁴ km²,2010 年总人口 49 286 人。县人民政府驻地在曲下镇,辖 2 个镇、9 个乡和 98 个村委会。

4.4.2 气候概况

拉孜县城属高原温带季风半干旱气候,夏季温和较湿润,冬季少雪干燥。年平均气压 625.9 hPa;年日照时数 3 124.0 h,年太阳总辐射 6 045.1 MJ/m²;年平均气温 7.1 ℃,气温年较差 16.9 ℃;年极端最高气温 28.9 ℃(2009 年 6 月 30 日),年极端最低气温 −19.1 ℃(1983 年 1 月 1 日);≥0 ℃积温 2 702.0 ℃·d;年降水量 328.3 mm,日最大降水量 40.6 mm(2014 年 7 月 23 日);年蒸发量 2 724.7 mm;年平均相对湿度 34%;年平均风速 2.2 m/s,最多风向为南风;年无霜期 201 d;年积雪日数 1.2 d;年最大冻土深度 51 cm。

拉孜县城最热月(6 月)平均气温 15.1 ℃,最冷月(1 月)平均气温 −1.8 ℃;最热月平均最高气温 22.5 ℃,最冷月平均最低气温 −10.2 ℃。

拉孜县主要有干旱、洪涝、霜冻、冰雹、雷电、大风等气象灾害。夏旱、洪涝发生频率均为 19.4%,平均约 5 年一遇。年冰雹日数为 2.2 d,最多年为 20 d(1980 年),主要出现在 5—9 月,占年冰雹日数的 95.5%。该县属于中雷暴区,年雷暴日数为 45.4 d,最多可达 84 d(1984 年),最少年也有 16 d(2005 年),多发生在 5—9 月,占年雷暴日数的 98.7%。年大风日数 24.8 d,主要出现在冬、春季,占年大风日数的 87.5%。

4.4.3 农业生产

拉孜县为西藏粮食基地,农作物包括春青稞、春小麦、油菜和豌豆等。2017 年乡村从业人口 29 270 人,农林牧渔业产值 41 365 万元。2017 年末实有耕地面积 8 598.9 hm²,农田有效灌溉面积 6 475.0 hm²,农作物总播种面积 8 573.1 hm²。粮食播种面积 5 754.0 hm²,总产量 42 919.8 t,单产量 7 459.1 kg/hm²,其中,青稞播种面积 5 427.1 hm²,总产量 42 077.2 t,单产量 7 753.2 kg/hm²。

4.4.4 青稞种植气候适宜性区划

拉孜县青稞种植最适宜区面积约为 4 385.8 hm²,占耕地面积的 51.0%,主要分布于曲玛乡、扎西宗乡、扎西岗乡、拉孜镇、查务乡和曲下镇的雅鲁藏布江流域、柳乡、热萨乡。青稞种植适宜区面积约为 3 711.0 hm²,占耕地面积的 43.2%,主要分布于彭措林乡的多雄藏布流域,曲下镇的忙嘎普曲流域、锡钦乡的冲曲流域。青稞种植次适宜区面积约为 502.2 hm²,占耕地面积的 5.8%,主要分布于彭措林乡和芒普乡的高海拔地区(图 4.4)。

4.5 聂拉木县青稞种植气候适宜性区划

4.5.1 自然地理

聂拉木县位于日喀则市南部、喜马拉雅山脉与拉轨岗日山脉之间。东邻定日县,南接尼泊尔,西北靠吉隆县,北连萨嘎县、昂仁县。地形地貌由南至北可划分为 5 个类型:喜马拉雅山南麓高山峡谷区、喜马拉雅山高山区、佩枯错高原湖盆区、锁作断陷谷地区、拉轨岗日高山区。面积约 0.77×10⁴ km²,2010 年总人口 17 568 人。县人民政府驻地在聂拉木镇,辖 2 个镇、5 个乡和 44 个村(居)委会。

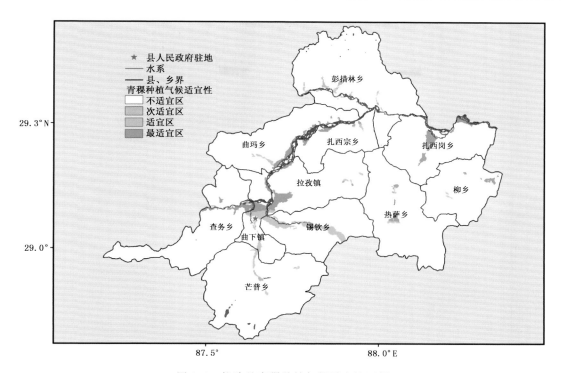

图 4.4　拉孜县青稞种植气候适宜性区划

4.5.2　气候概况

聂拉木县城属高原温带季风湿润气候,夏季温凉、湿度大,冬季寒冷、多大风。年平均气压 647.7 hPa;年日照时数 2 519.7 h,年太阳总辐射 6 029.6 MJ/m²;年平均气温 3.9 ℃,气温年较差 13.9 ℃,年极端最高气温 22.4 ℃(1983 年 6 月 11 日),年极端最低气温−20.6 ℃(1976 年 1 月 20 日);≥0 ℃积温 1 678.4 ℃·d;年降水量 654.0 mm,日最大降水量 195.5 mm (1989 年 1 月 8 日);年蒸发量 1 635.9 mm;年平均相对湿度 67%;年平均风速 3.9 m/s,最多风向为东南偏南风;年无霜期 122 d;年积雪日数 83.7 d;年最大冻土深度 85 cm。

聂拉木县城最热月(7月)平均气温 10.8 ℃,最冷月(1月)平均气温−3.1 ℃;最热月平均最高气温 15.3 ℃,最冷月平均最低气温−8.0 ℃。

聂拉木县主要有干旱、洪涝、雪灾、霜冻、大风等气象灾害。夏旱发生频率为 9.5%,平均约 11 年一遇;夏涝发生频率为 11.9%,平均约 8 年一遇;雪灾发生频率为 57.5%,平均约 2 年一遇。年大风日数为 63.8 d,最多年可达 179 d(1997 年),主要出现于冬、春季。该县属于少雷暴区,年雷暴日数为 11.0 d,最多年 21 d(1972 年),多集中在 3—5 月,占年雷暴日数的 75.5%。

4.5.3　农业生产

聂拉木县以农业为主,农作物有春青稞、春小麦、油菜和豌豆等,樟木镇低海拔地区有玉米、荞麦种植。2017 年乡村从业人口 10 325 人,农林牧渔业产值 13 542 万元。2017 年末实有耕地面积 2 282.0 hm²,农田有效灌溉面积 1 920.0 hm²,农作物总播种面积 1 990.9 hm²。粮食播种面积 1 289.3 hm²,总产量 8 032.0 t,单产量 6 229.7 kg/hm²,其中,青稞播种面积 1 247.0 hm²,总产量 7 874.0 t,单产量 6 314.4 kg/hm²。

4.5.4 青稞种植气候适宜性区划

聂拉木县青稞种植适宜区面积约为 1 028.1 hm²,占耕地面积的 45.1%,分布于门布乡门曲流域、乃龙乡、樟木镇。青稞种植次适宜区面积约为 1 253.9 hm²,占耕地面积的 54.9%,分布于亚来乡、聂拉木镇和琐作乡河谷地区(图 4.5)。

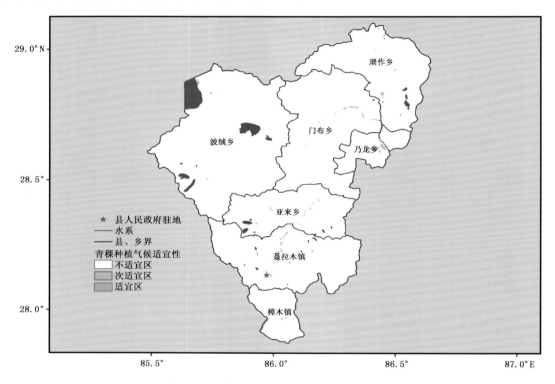

图 4.5　聂拉木县青稞种植气候适宜性区划

4.6　定日县青稞种植气候适宜性区划

4.6.1　自然地理

定日县位于日喀则市南部、喜马拉雅山脉中段北麓,为西藏自治区边境县之一。东邻萨迦县、定结县,南接尼泊尔,西靠聂拉木县,北连昂仁县、拉孜县。地处雅鲁藏布江河谷地带,地势西南高、东北低,相对高差明显。喜马拉雅山脉和拉轨岗日山脉分别横贯其南部和北部。世界第一高峰珠穆朗玛峰海拔 8 844.43 m。沿江河一线海拔较低,山势平缓,沟壑纵横。主要河流有朋曲、扎嘎曲、热曲藏布,湖泊有丁木错。面积约 1.4×10⁴ km²,2010 年总人口 50 818 人。县人民政府驻地在协格尔镇,辖 2 个镇、11 个乡和 175 个村委会。

4.6.2 气候概况

定日县城属高原温带季风半干旱气候,日照时间长,太阳辐射强烈,夏季凉爽湿润,雨水集中;冬季寒冷干燥,多大风。年平均气压 602.6 hPa;年日照时数 3 363.3 h,年太阳总辐射 7 553.8 MJ/m²;年平均气温 3.2 ℃,气温年较差 18.9 ℃,年极端最高气温 30.0 ℃(1995 年 7 月 1 日),年极端最低气温 −46.4 ℃(1966 年 1 月 7 日);大于 0 ℃积温 1 821.0 ℃·d;年降水量 289.1 mm,日最大降水量 48.9 mm(2007 年 8 月 19 日);年蒸发量 2 513.7 mm,年平均相对湿度 41%;年平均风速 2.3 m/s,最多风向为西南偏西风;年无霜期118 d;年积雪日数 6.1 d。

定日县城最热月(7月)平均气温 12.3 ℃,最冷月(1月)平均气温 −6.6 ℃;最热月平均最高气温 19.3 ℃,最冷月平均最低气温 −16.5 ℃。

定日县主要有干旱、洪涝、雪灾、霜冻、冰雹、雷电、大风等气象灾害。夏旱和洪涝发生频率均为 27.7%,平均约 4 年一遇;雪灾发生频率为 7.5%,平均约 13 年一遇。年冰雹日数 5.5 d,最多年为 26 d(1986 年),主要出现在 5—9 月,占年冰雹日数的 100.0%。该县属于中雷暴区,年雷暴日数为 36.9 d,最多年 58 d(1998 年),最少年 34 d(2007 年),主要发生在 5—9 月,占年雷暴日数的 98.4%。年大风日数 72.9 d,多出现在冬、春季,占年大风日数的 87.4%。

4.6.3 农业生产

定日县以农业为主,主要农作物包括春青稞、春小麦和豌豆等。2017 年乡村从业人口 29 175 人,农林牧渔业产值 30 269 万元。2017 年末实有耕地面积为 7 066.3 hm²,农田有效灌溉面积 7 066.3 hm²,农作物总播种面积 6 816.9 hm²。粮食播种面积 5 422.8 hm²,总产量 30 306.1 t,单产量 5 588.6 kg/hm²,其中,青稞播种面积 4 952.8 hm²,总产量 28 505.8 t,单产量 5 755.5 kg/hm²。

4.6.4 青稞种植气候适宜性区划

定日县青稞种植适宜区面积约为 4 009.6 hm²,占耕地面积的 56.7%,主要分布于岗嘎镇、扎果乡、协格尔镇的协曲流域、曲洛乡和长所乡的澎曲流域。青稞种植次适宜区面积约为 3 056.7 hm²,占耕地面积的 43.3%,主要分布于扎西宗乡和曲当乡的河谷地区(图 4.6)。

4.7 白朗县青稞种植气候适宜性区划

4.7.1 自然地理

白朗县位于日喀则市东部,东邻江孜县、康马县,南接亚东县,西南紧邻岗巴县,西靠萨迦县。地处雅鲁藏布江南岸、年楚河中游,属高山河谷宽谷地貌,地势西南高、东北低。境内为连绵起伏的群山,山峰众多,河谷深切。主要河流有年楚河、江嘎雄曲、茶多曲和空曲等。面积约 0.25×10⁴ km²,2010 年总人口 42 551 人。县人民政府驻地在洛江镇,辖 2 个镇、9 个乡和 111 个村委会。

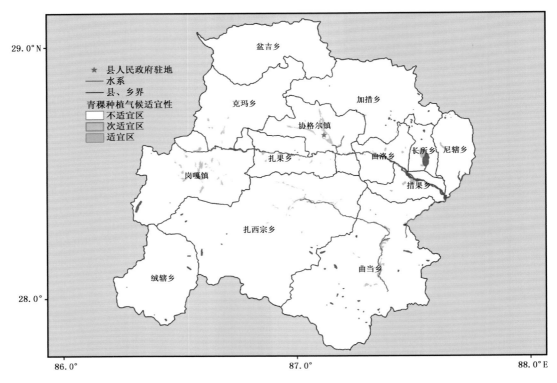

图 4.6　定日县青稞种植气候适宜性区划

4.7.2　气候概况

　　白朗县城属高原温带季风半干旱气候,日照充足,太阳辐射强,干湿季分明。夏季气候温和、雨水多,冬季气候较冷、干燥。年平均气压 576.6 hPa;年日照时数 3 089.6 h,年太阳总辐射 6 843.3 MJ/m²;年平均气温 6.3 ℃,气温年较差 17.5 ℃,年极端最高气温 27.6 ℃(2018 年 6 月 27 日),年极端最低气温−17.9 ℃(2016 年 1 月 23 日);≥0 ℃积温 2 189.1 ℃·d;年降水量 432.3mm,日最大降水量 29.4 mm(2018 年 8 月 6 日);年无霜期约为 100 d。

　　白朗县城最热月(6 月)平均气温 14.3 ℃,最冷月(1 月)平均气温−3.2 ℃;最热月平均最高气温 21.7 ℃,最冷月平均最低气温−11.3 ℃。

　　白朗县主要有干旱、洪涝、冰雹、霜冻、雷电、大风等气象灾害。

4.7.3　农业生产

　　白朗县是西藏粮食基地,农作物有春青稞、冬小麦、春小麦、油菜、豌豆和蚕豆等。2017 年乡村从业人口 25 449 人,农林牧渔业产值 39 085 万元。2017 年末实有耕地面积 8 493.3 hm²,农田有效灌溉面积 8 405.0 hm²,农作物总播种面积 8 493.3 hm²。粮食播种面积 6 200.0hm²,总产量 53 050.0 t,单产量 8 556.5 kg/hm²,其中,青稞播种面积 5 800.0 hm²,总产量 49 800.0 t,单产量8 586.2 kg/hm²。

4.7.4 青稞种植气候适宜性区划

白朗县青稞种植最适宜区面积约为 2 289.8 hm²,占耕地面积的 27.0%,主要分布于嘎东镇和巴扎乡的年楚河流域西部、旺丹乡的匠嘎雄曲流域、玛乡的马普茶几流域。青稞种植适宜区面积约为 6 114.2 hm²,占耕地面积的 72.0%,主要分布于洛江镇和强堆乡的年楚河流域、旺丹乡的匠嘎雄曲流域、玛乡的马普茶几流域、曲奴乡和杜琼乡的河谷地带。青稞种植次适宜区面积约为 89.1 hm²,占耕地面积的 1.0%,主要分布于嘎普乡(图 4.7)。

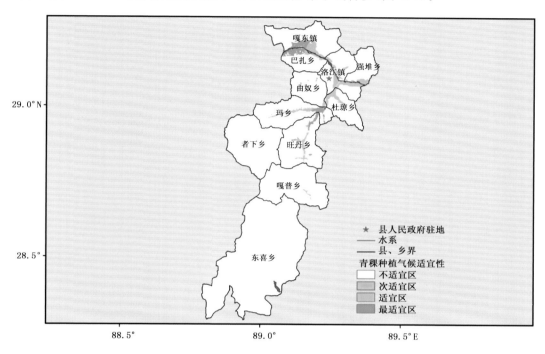

图 4.7 白朗县青稞种植气候适宜性区划

4.8 仁布县青稞种植气候适宜性区划

4.8.1 自然地理

仁布县位于日喀则市东部,东邻浪卡子县,南接江孜县,西靠桑珠孜区、南木林县,北连尼木县。地处雅鲁藏布江中游河谷地带。地势东北与东南高、西南低,地势平缓,平均海拔约 3 950 m。主要河流有雅鲁藏布江、门曲和查曲浦等。面积约 0.21×10⁴ km²,2010 年总人口 27 826 人。县人民政府驻地在德吉林镇,辖 1 个镇、8 个乡和 73 个村委会。

4.8.2 气候概况

仁布县城属高原温带季风半干旱气候,日照时间长,夏季降水集中,冬季少雨干燥。年平均气压 604.1 hPa;年日照时数 3 045.0 h,年太阳总辐射 5 112.0 MJ/m²;年平均气温 6.5 ℃,

气温年较差 17.2 ℃,年极端最高气温 29.0 ℃(2019 年 6 月 25 日),年极端最低气温−18.0 ℃ (2018 年 12 月 20 日);≥0 ℃积温 2 201.4 ℃·d;年降水量 385.0 mm,日最大降水量 34.1 mm (2017 年 7 月 29 日);年无霜期约为 100 d。

仁布县城最热月(6 月)平均气温 14.4 ℃,最冷月(1 月)平均气温−2.8 ℃;最热月平均最高气温 21.8 ℃,最冷月平均最低气温−11.3 ℃。

仁布县主要有干旱、洪涝、冰雹、霜冻、大风等气象灾害。

4.8.3　农业生产

仁布县以农业为主,主要农作物有春青稞、春小麦、油菜和豌豆等。2017 年乡村从业人口 17 611 人,农林牧渔业产值 14 041 万元。2017 年末实有耕地面积 3 980.8 hm²,农田有效灌溉面积 3 343.0 hm²,农作物总播种面积 3 980.8 hm²。粮食播种面积 3 254.1 hm²,总产量 15 329.0 t,单产量 4 710.7 kg/hm²,其中,青稞播种面积 2 934.1 hm²,总产量 14 019.0 t,单产量 4 778.0 kg/hm²。

4.8.4　青稞种植气候适宜性区划

仁布县青稞种植最适宜区面积约为 171.2 hm²,占耕地面积的 4.3%,主要分布于康雄乡和普松乡。青稞种植适宜区面积约为 3 293.5 hm²,占耕地面积的 82.7%,主要分布于仁布乡、德吉林镇和查巴乡的曼曲流域、切娃乡。青稞种植次适宜区面积约为 519.1 hm²,占耕地面积的 13.0%,主要分布于帕当乡的河谷地带(图 4.8)。

图 4.8　仁布县青稞种植气候适宜性区划

4.9 康马县青稞种植气候适宜性区划

4.9.1 自然地理

康马县位于日喀则市东部,东邻浪卡子县,南接亚东县和不丹,西靠白朗县,北连江孜县。地处喜马拉雅山脉北麓,属雅鲁藏布江河谷地形,地势东西部高,中部较低。主要河流有江日曲、康如普曲、涅如藏布和色来曲等。面积约 0.54×10⁴ km²,2010 年总人口 20 522 人。县人民政府驻地在康马镇,辖 1 个镇、8 个乡和 47 个村委会。

4.9.2 气候概况

康马县城属高原温带季风半干旱气候,干湿季分明,日照充足,夏季雨水高度集中。年平均气压 583.9 hPa;年日照时数 3 227.4 h,年太阳总辐射 6 602.8 MJ/m²;年平均气温 2.6 ℃,气温年较差 17.3 ℃,年极端最高气温 23.3 ℃(2019 年 6 月 24 日),年极端最低气温 −29.3 ℃(2018 年 12 月 23 日);≥0 ℃积温 1 601.9 ℃·d;年降水量 334.8 mm,日最大降水量 22.8 mm(2017 年 7 月 10 日);年无霜期不足 100 d。

康马县城最热月(7 月)平均气温 10.7 ℃,最冷月(1 月)平均气温 −6.6 ℃;最热月平均最高气温 12.8 ℃,最冷月平均最低气温 −13.8 ℃。

康马县主要有干旱、冰雹、雪灾、霜冻、洪涝、大风等气象灾害。

4.9.3 农业生产

康马县为半农半牧县,农作物有春青稞、春小麦、油菜、豌豆和马铃薯等。2017 年乡村从业人口 10 767 人,农林牧渔业产值 14 341 万元。2017 年末实有耕地面积 3 140.2 hm²,农田有效灌溉面积 3 140.2 hm²,农作物总播种面积 3 140.2 hm²。粮食播种面积 2 378.0 hm²,总产量 12 011.6 t,单产量 5 051.1 kg/hm²,其中,青稞播种面积 2 121.0 hm²,总产量 10 859.3 t,单产量 5 119.9 kg/hm²。

4.9.4 青稞种植气候适宜性区划

康马县青稞种植适宜区面积约为 504.9 hm²,占耕地面积的 16.1%,分布在南尼乡北部。青稞种植次适宜区面积约为 2 634.6 hm²,占耕地面积的 83.9%,零星分布于各乡镇(图 4.9)。

4.10 谢通门县青稞种植气候适宜性区划

4.10.1 自然地理

谢通门县位于日喀则市北部、雅鲁藏布江的北岸,东邻南木林县、桑珠孜区,南接拉孜县、萨迦县,西南靠昂仁县,北接尼玛县、申扎县。由于其地处西藏高原中部谷地,冈底斯山脉横贯东西,地势北部高、南部低,地形可分为三部分:北部为高原,地处冈底斯山两侧,平均海拔 5 000 m 以上;南部谷地位于雅鲁藏布江北岸,平均海拔 4 100 m 以上;西部高原区平均海拔

图 4.9　康马县青稞种植气候适宜性区划

4 500 m 以上。主要河流有雅鲁藏布江、荣曲、洛足藏布、美曲藏布、江公普曲、烈巴藏布等。面积约 $1.40×10^4$ km²，2010 年总人口 42 280 人。县人民政府驻地在卡嘎镇，辖 1 个镇、18 个乡和 95 个村委会。

4.10.2　气候概况

谢通门县城属高原温带季风半干旱气候，日照时间长，辐射强，干湿季分明，冬春干燥，多大风。年平均气压 609.1 hPa；年日照时数 3 174.4 h，年太阳总辐射 6 774.3 MJ/m²；年平均气温 5.8 ℃，气温年较差 17.7 ℃，年极端最高气温 28.5 ℃（2019 年 6 月 25 日），年极端最低气温 −18.3 ℃（2018 年 12 月 30 日）；≥0 ℃积温 2 560.5 ℃·d；年降水量 418.1 mm，日最大降水量 34.3 mm（2018 年 7 月 10 日）；年无霜期约为 160 d。

谢通门县城最热月（6 月）平均气温 13.9 ℃，最冷月（1 月）平均气温 −3.8 ℃；最热月平均最高气温 21.4 ℃，最冷月平均最低气温 −12.3 ℃。

谢通门县主要有干旱、冰雹、雪灾、霜冻、大风等气象灾害。

4.10.3　农业生产

谢通门县为半农半牧县，农作物有青稞、小麦、油菜、豌豆和荞麦等。2017 年乡村从业人口 24 306 人，农林牧渔业产值 28 857 万元。2017 年末实有耕地面积 4 064.7 hm²，农田有效灌溉面积 3 831.0 hm²，农作物总播种面积 4 064.7 hm²。粮食播种面积 2 817.9 hm²，总产量 17 239.3 t，单产量 6 117.8 kg/hm²，其中，青稞播种面积 2 197.9 hm²，总产量 13 283.1 t，单产量 6 043.5 kg/hm²。

4.10.4 青稞种植气候适宜性区划

    谢通门县青稞种植最适宜区面积约为 1 463.8 hm², 占耕地面积的 36.0%, 主要分布于达那答乡的达那普曲流域、通门乡的荣曲流域、荣马乡的雅鲁藏布江岸边。青稞种植适宜区面积约为 1 804.7 hm², 占耕地面积的 44.4%, 主要分布于卡嘎镇、仁钦则乡的那普曲流域。青稞种植次适宜区面积约为 798.3 hm², 占耕地面积的 19.6%, 主要分布于卡嘎镇、仁钦则乡的高海拔地区（图 4.10）。

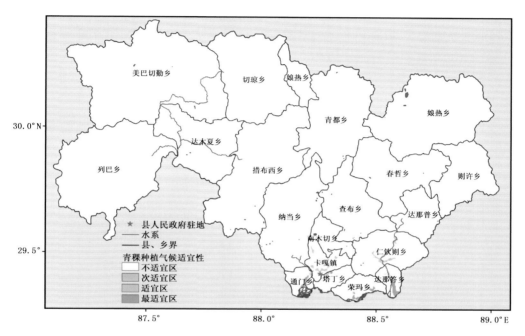

图 4.10　谢通门县青稞种植气候适宜性区划

4.11　萨迦县青稞种植气候适宜性区划

4.11.1　自然地理

    萨迦县位于日喀则市中部偏东, 雅鲁藏布江南岸。周边与白朗县、岗巴县、定结县、定日县、拉孜县、谢通门县和桑珠孜区接壤。地处冈底斯山脉与喜马拉雅山脉之间, 地势南北部高, 中西部低。南部为连绵的高山大川, 北部为雅鲁藏布江河谷平原。主要河流有雅鲁藏布江、下布曲、拉冬扎乌、萨迦藏布、结曲、布藏强曲等。面积约 0.64×10⁴ km², 2010 年总人口 47 304 人。县人民政府驻地在萨迦镇, 辖 2 个镇, 9 个乡和 107 个村委会。

4.11.2　气候概况

    萨迦县城属高原温带季风半干旱气候, 日照时间长, 辐射强烈, 干湿季分明, 气温年较差大。年平均气压 575.9 hPa; 年日照时数 3 297.5 h, 年太阳总辐射 7 029.7 MJ/m²; 年平均气温 3.7 ℃,气温年较差 18.6 ℃,年极端最高气温 25.9 ℃(2019 年 7 月 3 日),年极端最低气温 −23.1 ℃(2018 年 12 月 20 日);≥0 ℃积温 1 560.8 ℃·d;年降水量 302.5 mm,日最大降水量 42.2 mm(2017 年 7 月 11 日);年无霜期约为 70 d。

萨迦县城最热月(6 月)平均气温 12.1 ℃,最冷月(1 月)平均气温 −6.5 ℃;最热月平均最高气温 19.7 ℃,最冷月平均最低气温 −18.5 ℃。

萨迦县主要有干旱、冰雹、霜冻、洪涝、大风、泥石流、滑坡等气象灾害和地质灾害。

4.11.3 农业生产

萨迦县以农业为主,农作物包括春青稞、春小麦、油菜和豌豆等。2017 年乡村从业人口 26 025 人,农林牧渔业产值 28 454 万元。2017 年末实有耕地面积 7 772.2 hm²,农田有效灌溉面积 6 712.0 hm²,农作物总播种面积 7 600.0 hm²。粮食播种面积 5 133.3 hm²,总产量 31 835.7 t,单产量 6 201.8 kg/hm²,其中,青稞播种面积 4 893.3 hm²,总产量 29 760.0 t,单产量 6 081.8 kg/hm²。

4.11.4 青稞种植气候适宜性区划

萨迦县青稞种植最适宜区面积约为 2 473.1 hm²,占耕地面积的 31.8%,主要分布于吉定镇和扯休乡的下布曲流域。青稞种植适宜区面积约为 4 770.2 hm²,占耕地面积的 61.4%,主要分布于扎西岗乡和麻布加乡萨迦的冲曲流域,雄玛乡、查荣乡和赛乡的河谷区域。青稞种植次适宜区面积约为 528.9 hm²,占耕地面积的 6.8%,主要分布于麻布加乡和扎西岗乡的高海拔地区(图 4.11)。

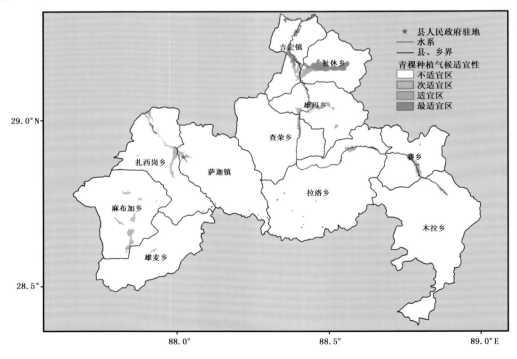

图 4.11 萨迦县青稞种植气候适宜性区划

4.12　昂仁县青稞种植气候适宜性区划

4.12.1　自然地理

昂仁县位于日喀则市中北部,东邻谢通门县、拉孜县,南接定日和聂拉木县,西南靠萨嘎县,西连措勤县,北与尼玛县毗邻。地处冈底斯山脉中段、雅鲁藏布江上游的河谷地区,地势北部较高、南部略低,由东向西呈驼峰状。境内平均海拔4 380 m,高原湖泊星罗棋布,是一个多山的高原县。主要河流有雅鲁藏布江、多雄藏布、美曲藏布和达果藏布等,主要湖泊有许如错、朗错等。面积约 2.76×10^4 km²,2010年总人口51 472人。县人民政府驻地在卡嘎镇,辖2个镇、15个乡和185个村委会。

4.12.2　气候概况

昂仁县城属高原亚寒带季风干旱气候,日照强,干湿季分明,夏季多雨。年平均气压588.0 hPa;年日照时数3 354.5 h,年太阳总辐射6 668.7 MJ/m²;年平均气温4.1 ℃,气温年较差18.0 ℃,年极端最高气温26.6 ℃(2019年6月25日),年极端最低气温−27.3 ℃(2018年12月20日);≥0 ℃积温1 620.7 ℃·d;年降水量290.9 mm,最大日降水量38.0 mm(2018年7月10日);年无霜期约为50 d。

昂仁县城最热月(6月)平均气温12.4 ℃,最冷月(1月)平均气温−5.6 ℃;最热月平均最高气温17.3 ℃,最冷月平均最低气温−14.6 ℃。

昂仁县主要有干旱、雪灾、霜冻、大风等气象灾害。

4.12.3　农业生产

昂仁县为半农半牧县,农作物有春青稞、春小麦、油菜、豌豆和马铃薯等。2017年乡村从业人口27 696人,农林牧渔业产值32 523万元。2017年末实有耕地面积5 273.4 hm²,农田有效灌溉面积5 166.0 hm²,农作物总播种面积5 273.4 hm²。粮食播种面积4 353.2 hm²,总产量21 583.4 t,单产量4 958.1 kg/hm²,其中,青稞播种面积4 133.3 hm²,总产量20 837.1 t,单产量5 041.3 kg/hm²。

4.12.4　青稞种植气候适宜性区划

昂仁县青稞种植最适宜区面积约为727.2 hm²,占耕地面积的13.8%,主要分布于卡嘎镇。青稞种植适宜区面积约为3 316.9 hm²,占耕地面积的62.9%,主要分布于秋窝乡的多雄藏布岸边。青稞种植次适宜区面积约为1 229.3 hm²,占耕地面积的23.3%,主要分布于桑桑镇、日吾其乡和多白乡的高海拔地区(图4.12)。

4.13　吉隆县青稞种植气候适宜性区划

4.13.1　自然地理

吉隆县位于西藏日喀则市西南部,是西藏边境县之一。东邻聂拉木县,南接尼泊尔,西部

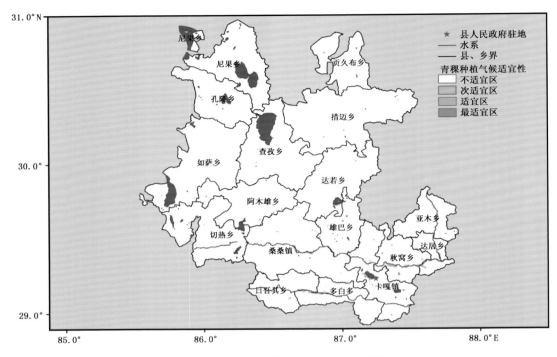

图 4.12　昂仁县青稞种植气候适宜性区划

和北部连萨嘎县。地处青藏高原西南部,以喜马拉雅山脉为分割线,分为南坡和北坡。地势北高南低,北坡属雅鲁藏布江上游河谷地区,南坡为高山峡谷地区。主要河流有雅鲁藏布江、吉隆藏布等,主要湖泊有佩枯错、错戳龙等。面积约 $0.93 \times 10^4 \ km^2$,2010 年总人口 14 972 人。县人民政府驻地在宗嘎镇,辖 2 个镇、3 个乡和 41 个村(居)委会。

4.13.2　气候概况

　　吉隆县城属高原温带季风半干旱气候,日照较充足,干湿季分明,夏季降水集中,气温年较差较大。年平均气压 604.2 hPa;年日照时数 2 723.5 h,年太阳总辐射 5 374.9 MJ/m^2;年平均气温 3.8 ℃,气温年较差 18.0 ℃,年极端最高气温 23.6 ℃(2018 年 7 月 7 日),年极端最低气温 -25.6 ℃(2018 年 3 月 13 日);≥0 ℃积温 1 961.8 ℃·d;年降水量 380.6 mm,日最大降水量 27.7 mm(2018 年 7 月 10 日);年无霜期约为 90 d。

　　吉隆县城最热月(7 月)平均气温 12.2 ℃,最冷月(1 月)平均气温 -5.8 ℃;最热月平均最高气温 18.5 ℃,最冷月平均最低气温 -15.8 ℃。

　　吉隆县主要有干旱、雪灾、霜冻、大风等气象灾害。

4.13.3　农业生产

　　吉隆县为农牧业相结合的县,农作物主要包括春青稞、冬小麦、春小麦、油菜、玉米、豌豆、荞麦、谷子和马铃薯等。2017 年乡村从业人口 7 123 人,农林牧渔业产值 11 304 万元。2017 年末实有耕地面积 1 280.9 hm^2,农田有效灌溉面积 912.0 hm^2,农作物总播种面积 1 280.9 hm^2。

粮食播种面积 773.7 hm²,总产量 4 415.5 t,单产量 5 707.0 kg/hm²,其中,青稞播种面积 613.8 hm²,总产量 3 750.3 t,单产量 6 110.0 kg/hm²。

4.13.4　青稞种植气候适宜性区划

吉隆县青稞种植适宜区面积约为 190.1 hm²,占耕地面积的 14.8%,主要分布于吉隆镇的吉隆藏布流域。青稞种植次适宜区面积约为 1 090.9 hm²,占耕地面积的 85.2%,分布于吉隆镇的吉隆藏布流域和宗嘎镇(图 4.13)。

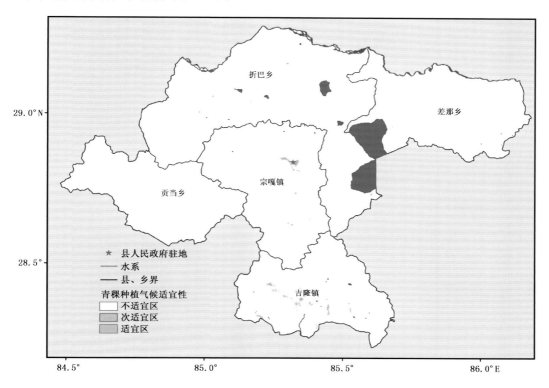

图 4.13　吉隆县青稞种植气候适宜性区划

4.14　萨嘎县青稞种植气候适宜性区划

4.14.1　自然地理

萨嘎县位于日喀则市西北部,东邻昂仁县,东南接聂拉木县,南依吉隆县,西南与尼泊尔毗邻,西靠仲巴县,北连措勤县。地处喜马拉雅山脉北麓、冈底斯山脉以南的西南边缘、雅鲁藏布江上游地区,属藏西南高原山地区。地势由北向东倾斜。境内山脉众多,群山连绵,山峰耸立,山与山之间隔着开阔不等、互不连通的平川与沟谷。主要河流有雅鲁藏布江、加大藏布、强雄藏布和多雄藏布等。面积约 1.24×10⁴ km²,2010 年人口 14 036 人。县人民政府驻地在加加镇,辖 1 个镇、7 个乡和 38 个村委会。

4.14.2 气候概况

萨嘎县城属高原亚寒带季风干旱气候,日照充足,干燥寒冷,昼夜温差大。年平均气压560.5 hPa;年日照时数2 910.8 h,年太阳总辐射6 723.5 MJ/m²;年平均气温1.0 ℃,气温年较差19.2 ℃,年极端最高气温24.5 ℃(2016年6月29日),年极端最低气温−27.3 ℃(2019年3月1日);≥0 ℃积温1 323.1 ℃·d;年降水量337.2 mm,日最大降水量51.8 mm(2017年7月12日);年无霜期约为50 d。

萨嘎县城最热月(7月)平均气温10.1 ℃,最冷月(1月)平均气温−9.1 ℃;最热月平均最高气温12.7 ℃,最冷月平均最低气温−19.5 ℃。

萨嘎县主要有干旱、雪灾、霜冻、大风等气象灾害。

4.14.3 农业生产

萨嘎县以牧业为主,兼有少量的种植业,农作物有春青稞、油菜和豌豆等。2017年乡村从业人口7 506人,农林牧渔业产值10 852万元。2017年末实有耕地面积529.7 hm²,农作物总播种面积429.7 hm²。粮食播种面积360.7 hm²,总产量1 495.7 t,单产量4 146.7 kg/hm²,其中,青稞播种面积为300.0 hm²,总产量1 351.1 t,单产量4 503.7 kg/hm²。

4.14.4 青稞种植气候适宜性区划

萨嘎县青稞种植适宜区面积约为358.5 hm²,占耕地面积的67.7%,主要分布于旦嘎乡。青稞种植次适宜区面积约为171.1 hm²,占耕地面积的32.3%,分布于达吉岭乡(图4.14)。

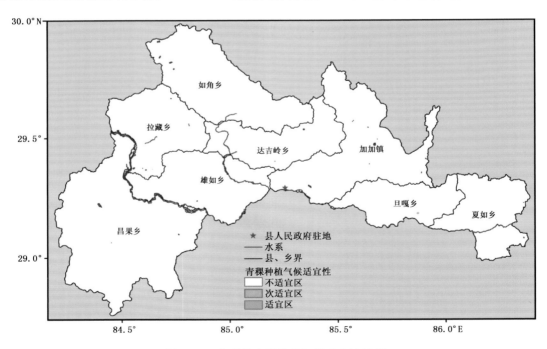

图4.14 萨嘎县青稞种植气候适宜性区划

4.15 定结县青稞种植气候适宜性区划

4.15.1 自然地理

定结县位于日喀则市南部,是西藏边境县之一。东邻岗巴县,东南接印度,南连尼泊尔,西靠定日县,北依萨迦县。地处喜马拉雅山脉北麓湖盆地区,地势南北高、中部低,东部为高原湖盆区,中部和西部为河谷地区,南部是横贯的喜马拉雅山脉的高寒区,西南部为陈塘峡谷区。主要河流有朋曲、叶如藏布、萨作曲和吉龙藏布等,主要湖泊有错母折林、共左错、宗格错等。面积约 $0.53×10^4$ km²,2010 年人口 20 319 人。县人民政府驻地在江嘎镇,辖 3 个镇、7 个乡和 70 个村委会。

4.15.2 气候概况

定结县城属高原温带季风半干旱气候,太阳辐射强,干湿季分明,干燥少雨,冬春季多大风。年平均气压 596.0 hPa;年日照时数 3 332.2 h,年太阳总辐射 6 545.4 MJ/m²;年平均气温 3.0 ℃,气温年较差 16.9 ℃,年极端最高气温 24.9 ℃(2018 年 7 月 6 日),年极端最低气温 −26.4 ℃(2019 年 1 月 2 日);≥0 ℃积温 1 705.4 ℃·d;年降水量 310.1 mm,日最大降水量 24.1 mm(2017 年 7 月 9 日);年无霜期不足 100 d。

定结县城最热月(7 月)平均气温 10.8 ℃,最冷月(1 月)平均气温 −6.1 ℃;最热月平均最高气温 13.2 ℃,最冷月平均最低气温 −16.4 ℃。

定结县主要有干旱、洪涝、雪灾、霜冻、大风等气象灾害。

4.15.3 农业生产

定结县以农业为主,农作物有春青稞、春小麦、油菜、豌豆、鸡爪谷、玉米、大豆和荞麦等。2017 年乡村从业人口 11 446 人,农林牧渔业产值 11 236 万元。2017 年末实有耕地面积 2 711.1 hm²,农田有效灌溉面积 2 337.0 hm²,农作物总播种面积 2 438.4 hm²。粮食播种面积 1 722.4 hm²,总产 7 891.0 t,单产量 4 581.4 kg/hm²,其中,青稞播种面积 1 490.0 hm²,总产量 6 734.5 t,单产量 4 519.8 kg/hm²。

4.15.4 青稞种植气候适宜性区划

定结县青稞种植最适宜区面积约为 41.3 hm²,占耕地面积的 1.5%,主要分布于多布扎乡错姆折林湖畔。青稞种植适宜区面积约为 2 220.4 hm²,占耕地面积的 81.9%,主要分布于扎西岗乡、江嘎镇、陈塘镇河谷地带。青稞种植次适宜区面积约为 449.5 hm²,占耕地面积的 16.6%,主要分布于萨尔乡(图 4.15)。

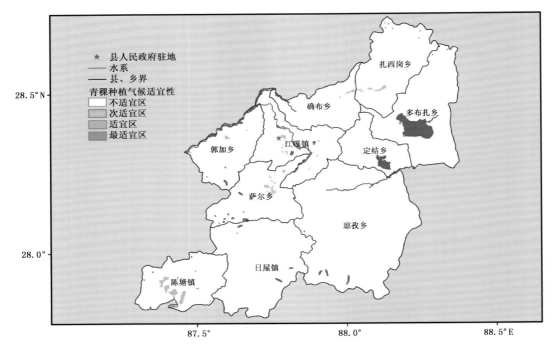

图 4.15　定结县青稞种植气候适宜性区划

4.16　亚东县青稞种植气候适宜性区划

4.16.1　自然地理

亚东县位于日喀则市东南部、喜马拉雅山脉中段。东南邻不丹,西靠岗巴县和印度,北接白朗县、康马县。地形属喜马拉雅山高山地貌,地势北部宽而高,南部窄而低,地形总体为一山沟。喜马拉雅山脉横贯县境中部,将县境分为南、北两部分。北部海拔均在 4 300 m 以上,南部平均海拔为 2 800 m。面积约 0.51×10^4 km²,2010 年人口 12 920 人。县人民政府驻地在下司马镇,辖 2 个镇、5 个乡和 25 个村(居)委会。

4.16.2　气候概况

亚东县帕里镇属高原亚寒带季风半湿润气候,年平均气压 603.6 hPa;年日照时数 2 684.2 h,年太阳总辐射 6 115.8 MJ/m²;年平均气温 0.4 ℃,气温年较差 16.3 ℃,年极端最高气温 19.3 ℃(1970 年 6 月 27 日),年极端最低气温 −30.1 ℃(1965 年 2 月 16 日);≥0 ℃积温 1 065.5 ℃·d;年降水量 446.0 mm,日最大降水量 130.0 mm(2009 年 5 月 26 日),年蒸发量 1 440.4 mm,年平均相对湿度 69%;年平均风速 3.4 m/s,最多风向为东南风;年无霜期 57 d;年雷暴日数 21.5 d;年积雪日数 57.1 d。

南部海拔大幅度下降,平均海拔 2 800 m,气候温暖湿润,森林茂密。亚东县城年平均气温在 10 ℃以上,≥0 ℃积温高于 3 100 ℃·d,年降水量约 800 mm。

帕里镇最热月(7月)平均气温 8.1 ℃,最冷月(1月)平均气温 −8.2 ℃;最热月平均最高气温 12.4 ℃,最冷月平均最低气温 −16.8 ℃。

亚东县主要有干旱、洪涝、霜冻、雪灾、雷电、大风等气象灾害。夏旱和洪涝发生频率较低,均为 6.3%,平均约 16 年一遇。雪灾发生频率为 27.5%,平均 3~4 年一遇,主要出现在秋季,以轻灾为主。该县属于少雷暴区,年雷暴日数为 17.7 d,最多年 35 d(1973年),最少年 5 d(2008年),集中在 4—9 月,约占年雷暴日数的 95.5%。年大风日数 29.1 d,冬、春季大风较多,占年大风日数的 82.1%。

4.16.3　农业生产

亚东县为半农半牧县,农作物有春青稞、冬小麦、春小麦、油菜和马铃薯等。2017 年乡村从业人口 5 838 人,农林牧渔业产值 11 473 万元。2017 年末实有耕地面积 939.2 hm²,农田有效灌溉面积 258.0 hm²,农作物总播种面积 939.2 hm²,粮食播种面积 476.9 hm²,总产量 1 554.9 t,单产量 3 260.4 kg/hm²,其中,青稞播种面积 467.0 hm²,总产量 1 524.9 t,单产量 3 265.3 kg/hm²。

4.16.4　青稞种植气候适宜性区划

亚东县青稞种植适宜区面积约为 339.6 hm²,占耕地面积的 36.2%,主要分布于下司马镇和下亚东乡。青稞种植次适宜区面积约为 599.4 hm²,占耕地面积的 63.8%,主要分布于下亚东乡(图 4.16)。

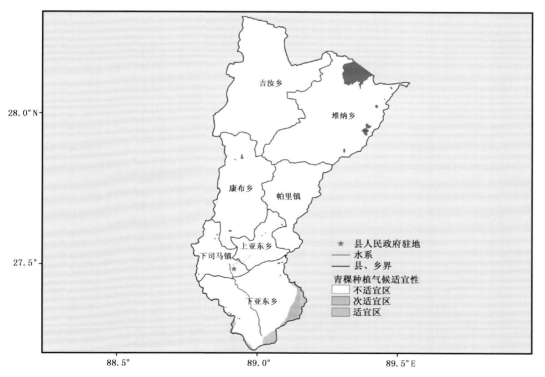

图 4.16　亚东县青稞种植气候适宜性区划

4.17 岗巴县青稞种植气候适宜性区划

4.17.1 自然地理

岗巴县位于日喀则市南部,是西藏边境县之一。东邻亚东县、白朗县,北接萨迦县,西靠定结县,南与印度毗邻。地处喜马拉雅山脉中段北麓,为高原丘陵区,地势北高南低。境内平均海拔约 4 000 m。主要河流有叶如藏布、姑曲藏布、多弄曲和拉鲁藏布等。面积约 0.41×10^4 km²,2010 年人口 10 464 人。县人民政府驻地在岗巴镇,辖 1 个镇、4 个乡和 29 个村委会。

4.17.2 气候概况

岗巴县城属高原亚寒带季风半干旱气候,气候较为寒冷干燥,日照充足,干湿季分明,冬春多大风。年平均气压 569.1 hPa;年日照时数 2 840.6 h,年太阳总辐射 6 639.7 MJ/m²;年平均气温 1.0 ℃,气温年较差 17.1 ℃,年极端最高气温 21.9 ℃(2019 年 7 月 3 日),年极端最低气温 −25.5 ℃(2018 年 12 月 30 日);≥0 ℃积温 1 164.0 ℃·d;年降水量 380.5 mm,日最大降水量 38.3 mm(2018 年 8 月 12 日);年无霜期约为 60 d。

岗巴县城最热月(6 月)平均气温 8.8 ℃,最冷月(1 月)平均气温 −8.3 ℃;最热月平均最高气温 10.9 ℃,最冷月平均最低气温 −19.1 ℃。

岗巴县主要有干旱、雪灾、冰雹、霜冻、大风等气象灾害。

4.17.3 农业生产

岗巴县以牧业为主,兼有种植业。农作物有春青稞、油菜、豌豆和马铃薯等。2017 年乡村从业人口 5 918 人,农林牧渔业产值 4 727 万元。2017 年末实有耕地面积 1 575.7 hm²,农田有效灌溉面积 1 575.7 hm²,农作物总播种面积 1 506.9 hm²,粮食播种面积 969.2 hm²,总产量 3 147.8 t,单产量 3 247.8 kg/hm²,其中,粮食作物全部为青稞。

4.17.4 青稞种植气候适宜性区划

岗巴县青稞种植均为次适宜区,面积约为 1 575.7 hm²,占耕地面积的 100.0%,主要分布于龙中乡、岗巴镇和昌龙乡(图 4.17)。

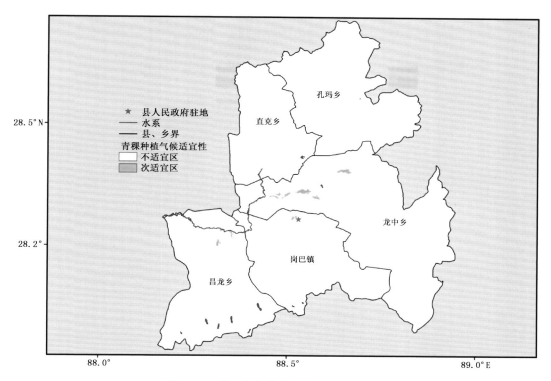

图 4.17　岗巴县青稞种植气候适宜性区划

第5章　山南市各县(区)青稞种植气候适宜性区划

5.1　乃东区青稞种植气候适宜性区划

5.1.1　自然地理

乃东区位于山南市北部,与墨竹工卡县、桑日县、隆子县、措美县、琼结县及扎囊县接壤。地处冈底斯山脉南部、雅鲁藏布江中游地带,地貌以高山和谷地为主。雅鲁藏布江自西向东横贯全区,将全区分为南、北两部分。最高海拔为 6 647 m 的雅拉香波山,是天然的雪山冰川,也是雅砻河的源头。面积 0.22×10^4 km²,2010 年总人口 59 615 人。县人民政府驻地在泽当镇,辖 2 个镇、5 个乡和 47 个村(居)委会。

5.1.2　气候概况

乃东城区属高原温带季风半干旱气候,日照时间长,辐射强;热量水平高,干湿季节明显,降水少。年平均气压 660.4 hPa;年日照时数 2 876.6 h,年太阳总辐射 6 018.9 MJ/m²;年平均气温 9.1 ℃,气温年较差 16.1 ℃,年极端最高气温 31.5 ℃(2019 年 6 月 25 日),年极端最低气温 −18.2 ℃(1983 年 1 月 4 日);≥0 ℃积温 3 352.2 ℃·d;年降水量 383.5 mm,日最大降水量 42.9 mm(1974 年 7 月 16 日);年蒸发量 2 728.5 mm;年平均相对湿度 42%;年平均风速 2.3 m/s,最多风向为东北偏东风;年无霜期 143 d;年积雪日数 4.7 d;年最大冻土深度 24 cm。

乃东城区最热月(6 月)平均气温 16.5 ℃,最冷月(1 月)平均气温 0.4 ℃;最热月平均最高气温 24.0 ℃,最冷月平均最低气温 −7.3 ℃。

乃东区主要有干旱、洪涝、霜冻、冰雹、大风(风沙)、雷电等气象灾害。夏旱发生频率为 20.8%,平均 4.8 年一遇;夏涝发生频率为 18.8%,平均 5.3 年一遇。年冰雹日数为 2.8 d,最多年为 8 d(1978 年),冰雹出现在 5—9 月的雨季,占年冰雹日数的 89.3%。年大风日数为 25.6 d,最多年可达 166 d(1966 年),冬、春季大风较多,占年大风日数的 79.3%。该区属于多雷暴区,年雷暴日数为 56.3 d,最多年高达 91(1977 年),最少年也有 33 d(2009 年),主要出现在 5—9 月,占年雷暴日数的 91.7%。

5.1.3　农业生产

乃东区为西藏粮食基地,农作物有春青稞、冬小麦、春小麦和油菜等。2017 年乡村从业人口 19 643 人,农林牧渔业产值 20 980 万元。2017 年末实有耕地面积 4 043 hm²,农田有效灌溉面积 4 021.0 hm²,农作物总播种面积 4 043.0 hm²。粮食播种面积 3 013.0 hm²,总产量

23 251.0 t,单产量 7 716.9 kg/hm²,其中,青稞播种面积 1 707.0 hm²,总产量 11 319.0 t,单产量 6 630.9 kg/hm²。

5.1.4　青稞种植气候适宜性区划

乃东区青稞种植最适宜区面积约为 2 510.7 hm²,占耕地面积的 62.1%,主要分布于结巴乡、泽当镇、昌珠镇和颇章乡的河谷地带。青稞种植适宜区面积约为 1 111.2 hm²,占耕地面积的 27.5%,主要分布于亚堆乡、结巴乡和多颇章乡的较高海拔区域,在索珠乡河谷地带也有分布。青稞种植次适宜区面积约为 421.4 hm²,占耕地面积的 10.4%,主要分布于亚堆乡和索珠乡的高海拔地区(图 5.1)。

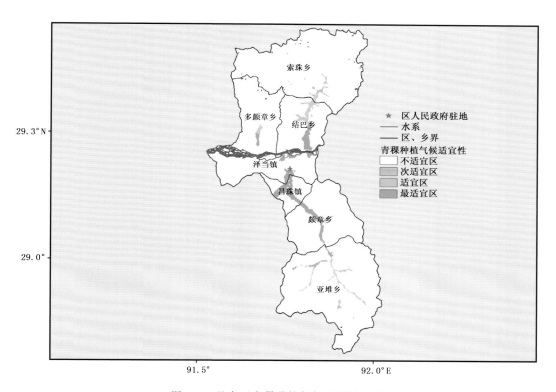

图 5.1　乃东区青稞种植气候适宜牲区划

5.2　贡嘎县青稞种植气候适宜性区划

5.2.1　自然地理

贡嘎县位于山南市西北部,与浪卡子县、曲水县、扎囊县、堆龙德庆区和城关区接壤。地处雅鲁藏布江中游河谷地带,境内高山纵横,独峰耸立,群山连绵。地势西高东低,平均海拔约为 3 750 m。主要河流有雅鲁藏布江、贡嘎普曲等。面积约 0.23×10⁴ km²,2010 年总人口45 708人。县人民政府驻地在吉雄镇,辖 5 个镇、3 个乡和 41 个村(居)委会。

5.2.2 气候概况

贡嘎县城属高原温带季风半干旱气候,日照时间长,太阳辐射强,夏季温和湿润,冬、春季多风干燥。年平均气压 659.4 hPa;年日照时数 3 145.2 h,年太阳总辐射 6 342.6 MJ/m²;年平均气温 8.8 ℃,气温年较差 17.4 ℃,年极端最高气温 31.0 ℃(2019 年 6 月 24 日),年极端最低气温 −20.7 ℃(2018 年 12 月 21 日);≥0 ℃积温 3 281.2 ℃·d;年降水量 397.0 mm,日最大降水量 50.1 mm(2000 年 7 月 14 日);年蒸发量 2 516.4 mm;年平均相对湿度 47%;年平均风速 1.9 m/s,最多风向为西南风;年无霜期 144 d;年积雪日数 3.1 d;年最大冻土深度 28 cm。

贡嘎县城最热月(6 月)平均气温 16.7 ℃,最冷月(12 月)平均气温 −0.7 ℃;最热月平均最高气温 24.1 ℃,最冷月平均最低气温 −7.9 ℃。

贡嘎县主要有干旱、洪涝、霜冻、冰雹、雷电、大风等气象灾害。夏旱和洪涝发生频率均为 19.4%,平均约 5 年一遇。年冰雹日数为 1.6 d,最多年为 12 d(1978 年),主要出现在 5—9月,占年冰雹日数的 93.8%。年大风日数为 24.3 d,最多年可达 57 d(1983 年、1984 年),最少年仅为 6 d(2008 年),冬、春季大风较多,占年大风日数的 89.7%,主要发生在雅鲁藏布江河谷,常造成扬沙天气,致使飞机航班延误或取消。该县属于强雷暴区,年雷暴日数为 78.2 d,最多年 98 d(1978 年),最少年也有 55 d(2005 年),主要发生在 5—9 月,占年雷暴日数的 93.4%。

5.2.3 农业生产

贡嘎县为西藏粮食基地,农作物有春青稞、冬小麦、油菜、豌豆、蚕豆和马铃薯等。2017 年乡村从业人口 23 040 人,农林牧渔业产值 14 113 万元。2017 年末实有耕地面积 5 661.5 hm²,农田有效灌溉面积 4 916.0 hm²,农作物总播种面积 6 228.0 hm²。粮食播种面积 4 396.0 hm²,总产量 32 825.0 t,单产量 7 467.0 kg/hm²,其中,青稞播种面积 2 732.0 hm²,总产量 19 515.0 t,单产量 7 143.1 kg/hm²。

5.2.4 青稞种植气候适宜性区划

贡嘎县青稞种植最适宜区面积约为 4 385.7 hm²,占耕地面积的 77.5%,主要分布于朗杰学乡、杰德秀镇、吉雄镇、甲竹林镇和岗堆镇的雅鲁藏布江流域。青稞种植适宜区面积约为 907.1 hm²,占耕地面积的 16.0%,主要分布于江塘镇的雅鲁藏布江流域、昌果乡的河谷区域。青稞种植次适宜区面积约为 368.7 hm²,占耕地面积的 6.5%,主要分布于东拉乡和昌果乡的高海拔地区(图 5.2)。

5.3 琼结县青稞种植气候适宜性区划

5.3.1 自然地理

琼结县位于山南市北部,周边与扎囊县、乃东区、措美县为邻。地处藏南谷地、雅鲁藏布江中游南岸的琼结河流域。西、南、北三面群山环抱,东面为狭窄的谷地,地势西高东低,境内山

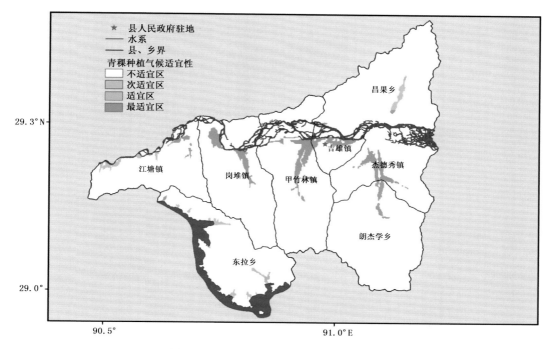

图 5.2　贡嘎县青稞种植气候适宜性区划

峰耸立,河谷深切,平均海拔约 3 900 m。面积 0.10×10⁴ km²,2010 年总人口 17 093 人。县人民政府驻地在琼结镇,辖 1 个镇、3 个乡和 20 个村(居)委会。

5.3.2　气候概况

　　琼结县城属高原温带季风半干旱气候,日照时间长,太阳辐射强;热量水平较高,四季不分明;干湿季节明显,夜雨多。年平均气压 636.9 hPa;年日照时数 2 730.9 h,年太阳总辐射 6 006.8 MJ/m²;年平均气温 7.8 ℃,气温年较差 15.9 ℃,年极端最高气温 29.3 ℃(2019 年 6 月 24 日),年极端最低气温 −18.0 ℃(2018 年 12 月 20 日);≥0 ℃积温约 2 900 ℃·d;年降水量 365.6 mm,日最大降水量 36.0 mm(2017 年 8 月 9 日);年无霜期 130 d。

　　琼结县城最热月(6 月)平均气温 15.1 ℃,最冷月(1 月)平均气温 −0.8 ℃;最热月平均最高气温 22.3 ℃,最冷月平均最低气温 −8.8 ℃。

　　琼结县主要有干旱、洪涝、霜冻、冰雹、大风、雷电等气象灾害。夏旱发生频率为 19.6%,平均约 5 年一遇;夏涝发生频率为 17.6%,平均约 6 年一遇。年冰雹日数为 9.0 d,多出现在 5—9 月,以 9 月发生频率最高,占年冰雹日数的 31.0%。年大风日数为 36.2 d,因四面环山,大风日数相对雅鲁藏布江河谷地带少,大风主要出现在冬、春季,占年大风日数的 83.6%。该县属于强雷暴区,年雷暴日数为 73.9 d,最多年 96 d(1996 年),最少年 38 d(1994 年),多出现在 5—9 月,占年雷暴日数的 93.8%。

5.3.3　农业生产

　　琼结县为农业县,主要农作物有春青稞、冬小麦、春小麦和油菜等。2017 年乡村从业人口

8 047 人,农林牧渔业产值 5 255 万元。2017 年末实有耕地面积 1 827.0 hm²,农田有效灌溉面积 1 827.0 hm²,农作物总播种面积 1 827.0 hm²。粮食播种面积 1 233.0 hm²,总产量 10 822.0 t,单产量 8 777.0 kg/hm²,其中,青稞播种面积 703.0 hm²,总产量 5 945.0 t,单产量 8 456.6 kg/hm²。

5.3.4 青稞种植气候适宜性区划

琼结县青稞种植最适宜区面积约为 1 557.0 hm²,占耕地面积的 85.2%,主要分布于拉玉乡的河谷地带,下水乡的帮达普曲流域,加麻乡的巴雄曲流域,琼结镇的琼果曲流域。青稞种植适宜区面积约为 270.0 hm²,占耕地面积的 14.8%,主要分布于加麻乡,琼结镇也有少量分布(图 5.3)。

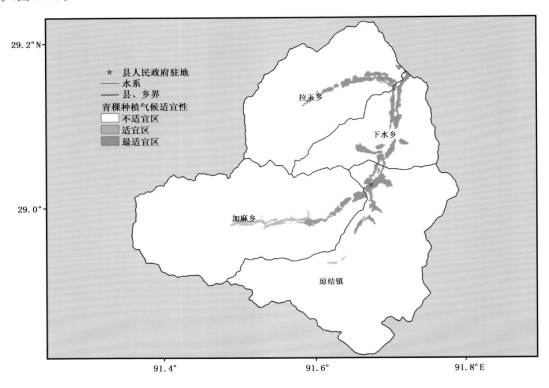

图 5.3　琼结县青稞种植气候适宜性区划

5.4　浪卡子县青稞种植气候适宜性区划

5.4.1　自然地理

浪卡子县位于山南市西部,是山南市海拔最高的县。东邻措美县,北连曲水县、贡嘎县、扎囊县,西南与不丹接壤,西靠康马县、江孜县、仁布县。地处喜马拉雅山中段北麓,属藏南山原湖盆宽谷区,四周边缘高突,中间呈低洼湖泊。境内山峰众多,海拔 6 000 m 以上的有 6 座,平均海拔 3 820 m。主要河流有雅鲁藏布江、曲清浦等,湖泊有羊卓雍湖、普莫雍错。面积 0.81×10⁴ km²,2010 年总人口 34 767 人。县人民政府驻地在浪卡子镇,辖 2 个镇、8 个乡和 98 个村(居)委会。

5.4.2　气候概况

浪卡子县城属高原亚寒带季风半干旱气候,日照时间长,太阳辐射强;冬春寒冷多大风,夏季凉爽多雨水,干湿季分明。年平均气压 591.8 hPa;年日照时数 2 876.0 h,年太阳总辐射 6 489.5 MJ/m²;年平均气温 3.2 ℃,气温年较差 14.5 ℃,年极端最高气温 22.9 ℃(1993 年 6 月 10 日),年极端最低气温−25.0 ℃(1968 年 1 月 16 日、17 日);≥0 ℃积温 1 535.2 ℃·d;年降水量 357.7 mm,日最大降水量 52.0 mm(1981 年 7 月 22 日);年蒸发量 1 991.4 mm;年平均相对湿度 45%;年平均风速 2.4 m/s,最多风向为西南风;年无霜期 50 d;年积雪日数 13.7 d。

浪卡子县城最热月(7 月)平均气温 10.2 ℃,最冷月(1 月)平均气温−4.3 ℃;最热月平均最高气温 16.5 ℃,最冷月平均最低气温−11.5 ℃。

浪卡子县主要有干旱、洪涝、霜冻、冰雹、大风、雷电等气象灾害。夏旱发生频率为 18.8%,平均约 5 年一遇;夏涝发生频率为 12.5%,平均 8 年一遇。年冰雹日数为 14.7 d,最多年可达 36 d(1978 年),最少年仅有 2 d(2007 年),主要出现在 5—9 月,占年冰雹日数的 98.6%。年大风日数为 54.1 d,最多年可达 141 d(1966 年),最少年有 30 d(2002 年),大风主要出现在冬、春季,占年大风日数的 88.4%。该县属于多雷暴区,年雷暴日数 62.9 d,最多年 87 d(1977 年),最少年 42 d(2006 年),多集中在 5—9 月,占年雷暴日数的 98.4%。

5.4.3　农业生产

浪卡子县为半农半牧县,主要农作物有春青稞、油菜和马铃薯等。2017 年乡村从业人口 19 925 人,农林牧渔业产值 9 128 万元。2017 年末实有耕地面积 2 709.0 hm²,农田有效灌溉面积 2 517.0 hm²,农作物总播种面积 2 709.0 hm²。粮食播种面积 1 843.0 hm²,总产量 6 166.0 t,单产量 3 345.6 kg/hm²,其中,青稞播种面积 1 767.0 hm²,总产量 5 808.0 t,单产量 3 286.9 kg/hm²。

5.4.4　青稞种植气候适宜性区划

浪卡子县青稞种植最适宜区面积约为 21.1 hm²,占耕地面积的 0.8%,主要分布于卡热乡雅鲁藏布江流域。青稞种植适宜区面积约为 2 022.6 hm²,占耕地面积的 74.7%,主要分布于浪卡子镇、卡龙乡、打隆镇和多却乡的羊卓雍错岸边。青稞种植次适宜区面积约为 665.0 hm²,占耕地面积的 24.5%,分布于阿扎乡(图 5.4)。

5.5　隆子县青稞种植气候适宜性区划

5.5.1　自然地理

隆子县位于山南市东部,东靠墨脱县,南连错那县,西接措美县,北与乃东区、曲松县、米林

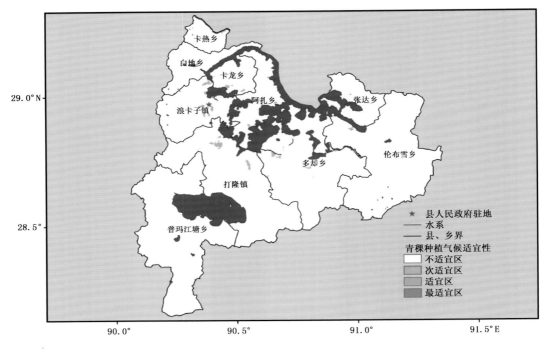

图 5.4　浪卡子县青稞种植气候适宜性区划

县和朗县相邻。地处喜马拉雅山脉的北麓,地势西北高、东南低。喜马拉雅山脉横跨其南部境地,境内群山起伏,峰峦叠嶂,平均海拔约 3 900 m。隆子雄曲自西向东穿过县境,河流上游为一开阔平坝地段,海拔在 3 800~4 000 m,是本县的主要粮食产区;河流下游为狭窄的谷地,海拔 2 900~3 500 m,是主要林区;西北部的高山、半高山,海拔在 4 200 m 以上,为主要牧区。面积 $0.98×10^4$ km²,2010 年总人口 34 141 人。县人民政府驻地在隆子镇,辖 2 个镇、9 个乡和 80 个村委会。

5.5.2　气候概况

隆子县城属高原温带季风干旱半干旱气候,夏季温和、较湿润,冬季寒冷干燥、多大风。年平均气压 635.8 hPa;年日照时数 3 016.7 h,年太阳总辐射 6 730.5 MJ/m²;年平均气温 5.6 ℃,气温年较差 17.3 ℃,年极端最高气温 27.2 ℃(2009 年 7 月 24 日),年极端最低气温 −27.4 ℃(2018 年 12 月 20 日);≥0 ℃积温 2 326.8 ℃·d;年降水量 285.5 mm,日最大降水量 45.0 mm(1997 年 8 月 10 日);年蒸发量 2 268.1 mm;年平均相对湿度 54%;年平均风速 2.7 m/s,最多风向为东北偏东风;年无霜期 112 d;年积雪日数 6.6 d;年最大冻土深度 48 cm。

隆子县城最热月(6 月)平均气温 13.5 ℃,最冷月(1 月)平均气温 −3.8 ℃;最热月平均最高气温 21.0 ℃,最冷月平均最低气温 −12.8 ℃。

隆子县主要有干旱、洪涝、霜冻、冰雹、雷电、雪灾、大风等气象灾害。夏旱和洪涝发生频率均为 12.5%,平均 8 年一遇。年冰雹日数为 9.6 d,最多年 20 d(1984 年),冰雹多出现于 5—9月,占年冰雹日数的 94.8%。年大风日数为 54.7 d,最多年达 121 d(1984 年),冬、春季出现大风较多,占年大风日数的 84.7%。雪灾也是隆子县牧业生产的主要灾害之一,多出现在北部海拔较高地区,雪灾发生频率为7.5%,平均约13年一遇。该县属于多雷暴区,年雷暴日数为65.0 d,最多年84 d(1998年),最少年47 d(2002年),多出现在5—9月,占年雷暴日数的92.9%。

5.5.3 农业生产

隆子县为农业县,主要农作物有春青稞、春小麦、油菜、豌豆和马铃薯等。2017年乡村从业人口17 772人,农林牧渔业产值11 685万元。2017年末实有耕地面积3 269.0 hm²,农田有效灌溉面积3 218.0 hm²,农作物总播种面积3 366.0 hm²。粮食播种面积2 906.0 hm²,总产量19 865.0 t,单产量6 835.9 kg/hm²,其中,青稞播种面积2 577.0 hm²,总产量17 222.0 t,单产量6 683.0 kg/hm²。

5.5.4 青稞种植气候适宜性区划

隆子县青稞种植适宜区面积约为2 551.0 hm²,占耕地面积的78.0%,主要分布于日当镇和隆子镇的加玉河流域。青稞种植次适宜区面积约为717.6 hm²,占耕地面积的22.0%,分布于热荣乡(图5.5)。

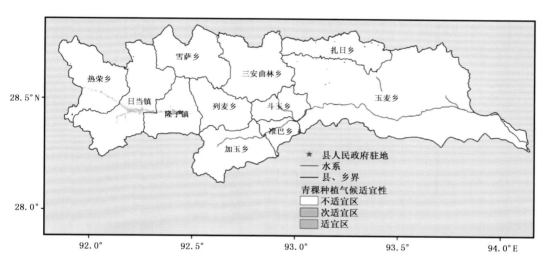

图5.5　隆子县青稞种植气候适宜性区划

5.6　错那县青稞种植气候适宜性区划

5.6.1　自然地理

错那县位于山南市东南部,是西藏重要边境县之一。东北靠墨脱县,南与印度接壤,西邻洛扎县和不丹,北连措美县、隆子县。地处藏南山原湖盆谷地中的喜马拉雅地区,地势北高南低,北部多高山,平均海拔4 500 m;南部多低山河谷,平均海拔在2 500 m。主要河流有错那曲、西巴霞曲、达旺河、娘江曲、卡门河等,湖泊有拿日雍错。面积3.49×10⁴ km²,2010年总人口15 124人。县人民政府驻地在错那镇,辖1个镇、9个乡和24个村(居)委会。

5.6.2 气候概况

错那县城属高原亚寒带季风半湿润气候区,冬、春寒冷,夏季凉爽、湿润。年平均气压601.4 hPa;年日照时数 2 596.9 h,年太阳总辐射 5 365.0 MJ/m²;年平均气温 0.0 ℃,气温年较差 17.4 ℃,年极端最高气温 18.4 ℃(1988 年 6 月 27 日),年极端最低气温−37.0 ℃(1981年 12 月 20 日);≥0 ℃积温 1 043.8 ℃·d;年降水量 417.2 mm,日最大降水量 97.7 mm(2008 年 10 月 27 日);年蒸发量 1 483.4 mm;年平均相对湿度 75%;年平均风速 3.8 m/s,最多风向为西南风;年无霜期 77 d;年积雪日数 91.8 d;年最大冻土深度 86 cm。

错那县城最热月(7月)平均气温 8.1 ℃,最冷月(1月)平均气温−9.3 ℃;最热月平均最高气温 12.4 ℃,最冷月平均最低气温−18.1 ℃。

错那县主要有雪灾、干旱、洪涝、霜冻、冰雹、大风等气象灾害。雪灾发生频率为 15%,平均 6~7 年一遇,其中轻灾发生频率为 7.5%,重灾发生频率为 2.5%。夏旱发生频率为4.8%,平均约 20 年一遇;洪涝发生频率为 14.3%,平均约 7 年一遇。年冰雹日数 4.2 d,最多年为 16 d(1972 年),多出现在 5—9 月,占年冰雹日数的 97.6%。该县属于少雷暴区,年雷暴日数为 13.2 d,最多年 31 d(1973 年),最少年 5 d(1987 年和 2002 年),主要出现在 5—9 月,占年雷暴日数的 86.4%。年大风日数 10.4 d,冬、春季大风较多,占年大风日数的 86.5%。

5.6.3 农业生产

错那县为半农半牧县,农作物以青稞、小麦、油菜、豌豆和蚕豆为主。2017 年乡村从业人口 7 020 人,农林牧渔业产值 4 561 万元。2017 年末实有耕地面积 1 549.0 hm²,农田有效灌溉面积 1 317.0 hm²,农作物总播种面积 1 553.0 hm²。粮食播种面积 1 116.0 hm²,总产量5 559.0 t,单产量 4 981.2 kg/hm²,其中,青稞播种面积 848.0 hm²,总产量 4 179.0 t,单产量4 928.1 kg/hm²。

5.6.4 青稞种植气候适宜性区划

错那县青稞种植次适宜区面积约为 1 549.0 hm²,占耕地面积的 100.0%,主要分布于觉拉乡、吉巴门巴民族乡和贡日门巴民族乡(图 5.6)。

5.7 加查县青稞种植气候适宜性区划

5.7.1 自然地理

加查县位于山南市东北部,周边与工布江达县、桑日县、曲松县和朗县四县为邻。地处雅鲁藏布江中游河谷地带,南北长 102.2 km²,东西宽 88.2 km²。地貌为喜马拉雅山脉高原山地,崇山叠嶂,高峰林立,四周高山环绕,多河流峡谷。地势西高东低,北为冈底斯山脉,平均海拔约 4 000 m。主要河流有雅鲁藏布江、晒嘎绒曲、达龙曲、坝曲、聂曲、丝波绒曲等。面积约0.45×10⁴ km²,2010 年总人口 23 434 人。县人民政府驻地在安绕镇,辖 2 个镇、5 个乡和 77个村委会。

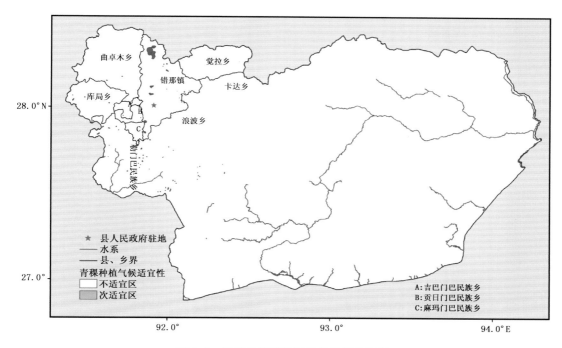

图 5.6 错那县青稞种植气候适宜性区划

5.7.2 气候概况

加查县城属高原温带季风半湿润气候,热量水平较高,干湿季节明显,夏季降雨多。年平均气压 685.7 hPa;年日照时数 2 614.9 h,年太阳总辐射 5 818.7 MJ/m²;年平均气温 9.9 ℃,气温年较差 16.2 ℃,年极端最高气温 32.6 ℃(2019 年 6 月 24 日),年极端最低气温 −16.6 ℃(1983 年 1 月 4 日);≥0 ℃积温 3 469.1 ℃·d;年降水量 514.0 mm,日最大降水量 51.3 mm(2002 年 8 月 19 日);年蒸发量 2 151.6 mm;年平均相对湿度 50%;年平均风速 1.5 m/s,最多风向为东南风;年无霜期 152 d;年积雪日数 4.8 d;年最大冻土深度 19 cm。

加查县城最热月(7 月)平均气温 16.7 ℃,最冷月(1 月)平均气温 0.5 ℃;最热月平均最高气温 24.2 ℃,最冷月平均最低气温 −8.6 ℃。

加查县主要有干旱、洪涝、霜冻、冰雹、雷电、大风等气象灾害。夏旱和洪涝发生频率均为 17.1%,平均约 6 年一遇。年冰雹日数为 2.6 d,最多年 7 d(1987 年),主要出现 5—9 月,占年冰雹日数的 84.6%。该县属于多雷暴区,年雷暴日数为 61.6 d,最多年 80 d(1991 年),最少年 34 d(2005 年),以 5—9 月为多发期,占年雷暴日数的 91.6%。年大风日数 16.4 d,以冬、春季居多,占年大风日数的 84.8%。

5.7.3 农业生产

加查县为农业县,主要农作物有春青稞、冬小麦、春小麦、油菜、豌豆和玉米等。2017 年乡村从业人口 9 021 人,农林牧渔业产值 13 687 万元。2017 年末实有耕地面积 1 551.0 hm²,农田有效灌溉面积 1 317.0 hm²,农作物总播种面积 1 910.0 hm²,粮食播种面积 1 371.0 hm²,

总产量8 610.0 t,单产量6 280.1 kg/hm²,其中,青稞播种面积614.0 hm²,总产量4 074.0 t,单产量6 635.2 kg/hm²。

5.7.4 青稞种植气候适宜性区划

加查县青稞种植最适宜区面积约为1 525.7 hm²,占耕地面积的98.4%,主要分布于拉绥乡、安绕镇、加查镇和冷达乡的雅鲁藏布江岸边。青稞种植适宜区面积约为25.0 hm²,占耕地面积的1.6%,在加查镇有零星分布(图5.7)。

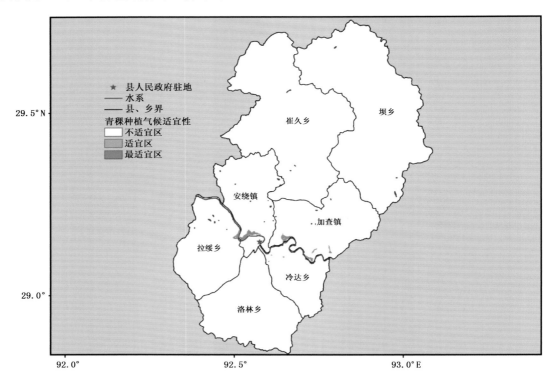

图5.7　加查县青稞种植气候适宜性区划

5.8　扎囊县青稞种植气候适宜性区划

5.8.1　自然地理

扎囊县位于山南市北部,东北靠墨竹工卡县,东与乃东区和琼结县为邻,南连措美县,西南邻浪卡子县,西靠贡嘎县,北接拉萨市的城关区、达孜区。地处冈底斯山脉南侧、雅鲁藏布江中游河谷地带。被雅鲁藏布江分成南、北两部分,南、北均为高山,沿江两岸为谷地。面积0.22×10⁴ km²,2010年总人口35 473人。县人民政府驻地在扎塘镇,辖2个镇、3个乡和62个村(居)委会。

5.8.2 气候概况

扎囊县城属高原温带季风半干旱气候,日照时间长,太阳辐射强;冬春季多大风,气候干燥,雨季降水集中 6—9 月。年平均气压 642.0 hPa;年日照时数 2 962.9 h,年太阳总辐射 6 028.4 MJ/m²;年平均气温 8.1 ℃,气温年较差 16.7 ℃,年极端最高气温 31.3 ℃(2019 年 6 月 25 日),年极端最低气温−19.4 ℃(2018 年 12 月 21 日);≥0 ℃积温 2 613.0 ℃·d;年降水量 402.7 mm,日最大降水量 33.6 mm(2017 年 7 月 30 日);年无霜期 130 d 左右。

扎囊县城最热月(6 月)平均气温 15.8 ℃;最冷月(1 月)平均气温−0.9 ℃;最热月平均最高气温 23.2 ℃,最冷月平均最低气温−9.0 ℃。

扎囊县主要有干旱、洪涝、霜冻、冰雹、大风、雷电等气象灾害。夏旱发生频率为 19.4%,平均约 5 年一遇。该县以早霜冻危害较重,此时作物正处于抽穗和灌浆期,霜冻严重影响籽粒灌浆。海拔 3 800 m 以上农区霜冻出现的频率高、时间早、危害大。年冰雹日数约 4.5 d,主要出现在 5—9 月的暖季,沿雅鲁藏布江及其支流一带发生频次较高。年大风日数在 30 d 左右,其中以春季出现最多,占年大风日数的 40%,7—9 月较少,大风主要发生在沿江河谷地带。该县属于强雷暴区,年雷暴日数约 80 d,主要集中在 6—8 月。

5.8.3 农业生产

扎囊县为西藏粮食基地,主要农作物有春青稞、冬小麦、春小麦、油菜、荞麦、豌豆、蚕豆和马铃薯等。2017 年乡村从业人口 17 762 人,农林牧渔业产值 11 180 万元。2017 年末实有耕地面积 4 806.4 hm²,农田有效灌溉面积 4 085.0 hm²,农作物总播种面积 4 885.0 hm²。粮食播种面积 3 900.0 hm²,总产量 25 085.0 t,单产量 6 432.1 kg/hm²,其中,青稞播种面积 1 987.0 hm²,总产量 11 530.0 t,单产量 5 802.7 kg/hm²。

5.8.4 青稞种植气候适宜性区划

扎囊县青稞种植最适宜区面积约为 3 299.7 hm²,占耕地面积的 68.7%,主要分布于扎塘镇、吉汝乡、扎其乡、桑耶镇的河谷地带。青稞种植适宜区面积约为 1 409.8 hm²,占耕地面积的 29.3%,种植区域零星分布于各乡镇河谷区域。青稞种植次适宜区面积约为 96.9 hm²,占耕地面积的 2.0%,主要分布于阿扎乡和桑耶镇的高海拔地区(图 5.8)。

5.9 桑日县青稞种植气候适宜性区划

5.9.1 自然地理

桑日县位于山南市北部,周边与工布江达县、墨竹工卡县、乃东区、曲松县、加查县相邻。地处藏南山原湖盆谷地的雅鲁藏布江中游河谷地带,雅鲁藏布江将全县分割为南、北两部分:南有喜马拉雅山,北有冈底斯山。两山夹一江,呈“V”形。峡谷自江两岸向南、北逐渐升高,平均海拔 3 550 m。面积 0.26×10⁴ km²,2010 年总人口 17 261 人。县人民政府驻地在桑日镇,辖 1 个镇,3 个乡和 42 个村委会。

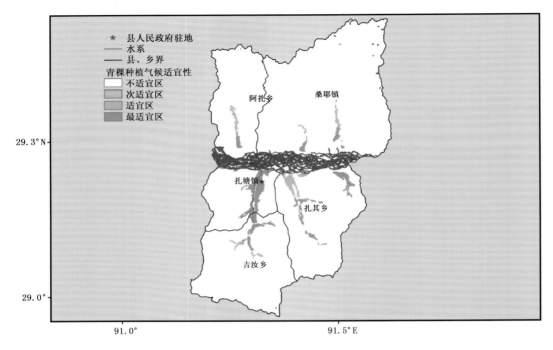

图 5.8　扎囊县青稞种植气候适宜性区划

5.9.2　气候概况

桑日县城属高原温带季风半干旱气候,降水集中在夏季,多夜雨。日照充足,气候较为干燥。年平均气压 644.9 hPa;年日照时数 2 917.6 h,年太阳总辐射 5 409.3 MJ/m²;年平均气温 8.2 ℃,气温年较差 16.7 ℃,年极端最高气温 30.6 ℃(2019 年 7 月 2 日),年极端最低气温 −16.4 ℃(2018 年 12 月 20 日);≥0 ℃积温约 3 000 ℃·d;年降水量 418.0 mm,日最大降水量 32.7 mm(2019 年 7 月 11 日);年无霜期 150∼170 d,年雷暴日数约 70 d。

桑日县城最热月(6 月)平均气温 15.8 ℃;最冷月(1 月)平均气温 −0.9 ℃;最热月平均最高气温 23.2 ℃,最冷月平均最低气温 −8.9 ℃。

桑日县主要有干旱、霜冻、冰雹、大风等气象灾害。干旱每年均有发生,只是时间和程度不同。1983 年 6—8 月发生了连续干旱,严重影响了粮油作物生长。霜冻主要发生在 3 800 m 以上地区,以早霜冻危害较大。冰雹多出现在雨季,以 7—8 月出现频率高。大风主要发生在沿江的河谷地带,冬、春季危害最大。

5.9.3　农业生产

桑日县以农业为主,农作物有春青稞、冬小麦、春小麦、油菜、荞麦、豌豆和蚕豆等。2017 年乡村从业人口 7 592 人,农林牧渔业产值 7 799 万元。2017 年末实有耕地面积 1 531.0 hm²,农田有效灌溉面积 1 506.0 hm²,农作物总播种面积 1 531.0 hm²。粮食播种面积 1 041.0 hm²,总产量 9 100.0 t,单产量 8 741.6 kg/hm²,其中,青稞播种面积 670.0 hm²,总产量 6 035.0 t,单产量 9 007.5 kg/hm²。

5.9.4 青稞种植气候适宜性区划

桑日县青稞种植最适宜区面积约为 936.6 hm², 占耕地面积的 61.2%, 主要分布于桑日镇和绒乡的雅鲁藏布江流域。青稞种植适宜区面积约为 465.1 hm², 占耕地面积的 30.4%, 主要分布于增期乡和白堆乡的增久曲流域。青稞种植次适宜区面积约为 129.3 hm², 占耕地面积的 8.4%, 主要分布于白堆乡高海拔地区(图 5.9)。

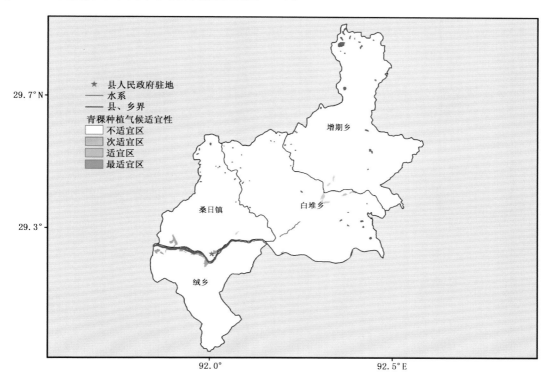

图 5.9 桑日县青稞种植气候适宜性区划

5.10 曲松县青稞种植气候适宜性区划

5.10.1 自然地理

曲松县位于山南市中北部、雅鲁藏布江中游南岸。东邻加查县、朗县，南连隆子县，西接乃东区，西北与桑日县接壤。地处雅鲁藏布江中游谷地，四面群山环绕，河谷狭窄纵横，地势南高北低，平均海拔约 4 200 m。境内山脉系喜马拉雅山北侧分支，主要有布当拉和亚堆扎拉两大山，均由北向南延伸，像两堵巨墙把曲松县与东、西邻县隔开。主要河流有雅鲁藏布江、四曲哪妈等，湖泊有吉木错、塔玛错。面积 0.19×10⁴ km²，2010 年总人口 14 280 人。县人民政府驻地在曲松镇，辖 2 个镇、3 个乡和 21 个村委会。

5.10.2 气候概况

曲松县城属高原温带季风半干旱气候区,光照充足,辐射强烈,日温差较大,冬春季多大风,夏季雨水集中、多夜雨。年平均气压 615.9 hPa;年日照时数 3 054.8 h,年太阳总辐射 5 619.6 MJ/m²;年平均气温 4.3 ℃,气温年较差 17.0 ℃,年极端最高气温 27.3 ℃(2019 年 6 月 24 日),年极端最低气温 −20.1 ℃(2018 年 12 月 20 日);≥0 ℃积温 2 045.0 ℃·d;年降水量 385.9 mm,日最大降水量 38.9 mm(2018 年 8 月 9 日);年无霜期 123 d。

曲松县城最热月(6 月)平均气温 12.0 ℃,最冷月(1 月)平均气温 −5.0 ℃;最热月平均最高气温 21.1 ℃,最冷月平均最低气温 −11.7 ℃。

曲松县主要有干旱、霜冻、冰雹等气象灾害。初夏干旱发生频率为 35% 左右,平均约 3 年一遇;盛夏干旱发生频率约为 25%,平均 4 年一遇。霜冻主要发生在海拔 3 800 m 以上粮油产区,以早霜冻危害较大。冰雹多出现在 5—9 月的暖季。

5.10.3 农业生产

曲松县为半农半牧县,主要农作物有春青稞、冬小麦、春小麦、油菜和马铃薯等。2017 年乡村从业人口 7 164 人,农林牧渔业产值 6 585 万元。2017 年末实有耕地面积 1 663.0 hm²,农田有效灌溉面积 1 452.0 hm²,农作物总播种面积 1 599.0 hm²。粮食播种面积 1 083.0 hm²,总产量 7 600.0 t,单产量 7 017.5 kg/hm²,其中,青稞播种面积 912.0 hm²,总产量 6 232.0 t,单产量 6 833.3 kg/hm²。

5.10.4 青稞种植气候适宜性区划

曲松县青稞种植最适宜区面积约为 449.9 hm²,占耕地面积的 27.1%,主要分布于曲松镇的河谷地带。青稞种植适宜区面积约为 1 213.0 hm²,占耕地面积的 72.9%,主要分布于曲松镇和下江乡的河谷地带(图 5.10)。

5.11 洛扎县青稞种植气候适宜性区划

5.11.1 自然地理

洛扎县位于山南市西南部、喜马拉雅山南麓,为西藏边境县之一。东邻错那县、措美县,北连浪卡子县,南与不丹接壤。地处属于藏南山原湖盆谷地中的喜马拉雅山区。地势西北高、东南低,境内群山连绵起伏,沟谷深切,平均海拔 3 820 m。主要河流有洛扎雄曲、虾曲、熊曲等。面积 0.56×10⁴ km²,2010 年总人口 18 453 人。县人民政府驻地在洛扎镇,辖 2 个镇、5 个乡和 26 个村(居)委会。

5.11.2 气候概况

洛扎县城属高原温带季风半干旱气候区,光照充足,辐射强烈,气温日较差大,冬、春季多大风,夏季雨水集中,多夜雨。年平均气压 612.5 hPa;年日照数达 3 141.3 h,年太阳总辐射 4 889.2 MJ/m²;年平均气温 4.9 ℃,气温年较差 16.2 ℃,年极端最高气温 24.1 ℃(2018 年 7

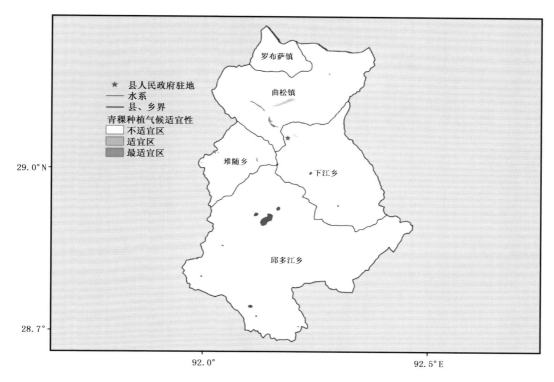

图 5.10　曲松县青稞种植气候适宜性区划

月 6 日),年极端最低气温—16.7 ℃(2018 年 12 月 20 日);≥0 ℃积温 2 146.1 ℃•d;年降水量 365.1 mm,日最大降水量 34.7 mm(2017 年 7 月 10 日);年无霜期 100 d 左右。

洛扎县城最热月(6 月)平均气温 12.2 ℃,最冷月(1 月)平均气温—4.0 ℃;最热月平均最高气温 14.8 ℃,最冷月平均最低气温—14.8 ℃。

洛扎县主要有干旱、雪灾、霜冻、冰雹等气象灾害。初夏干旱发生频率为 25% 左右,平均 4年一遇;盛夏干旱发生频率约为 15%,平均 7 年一遇。雪灾主要出现在春季的 3—4 月,出现频率较高,以海拔 4 000 m 以上的高寒牧区为易发区。霜冻主要发生在海拔 3 600 m 以上地区,时间早,危害重。年冰雹日数约为 10 d,主要出现在 5—9 月的暖季。

5.11.3　农业生产

洛扎县以农业为主,主要农作物有青稞、小麦、油菜、荞麦、豌豆和马铃薯等。2017 年乡村从业人口 8 739 人,农林牧渔业产值 7 512 万元。2017 年末实有耕地面积 2 109.0 hm²,农田有效灌溉面积 2 109.0 hm²,农作物总播种面积 2 109.0 hm²。粮食播种面积 1 687.0 hm²,总产量 11 009.0 t,单产量 6 525.8 kg/hm²,其中,青稞播种面积 946.0 hm²,总产量 6 670.0 t,单产量 7 050.7 kg/hm²。

5.11.4　青稞种植气候适宜性区划

洛扎县青稞种植适宜区面积约为 233.1 hm²,占耕地面积的 11.1%,分布于拉康镇。青稞种植次适宜区面积约为 1 874.5 hm²,占耕地面积的 88.9%,分布于扎日乡和洛扎镇河谷地区

（图 5.11）。

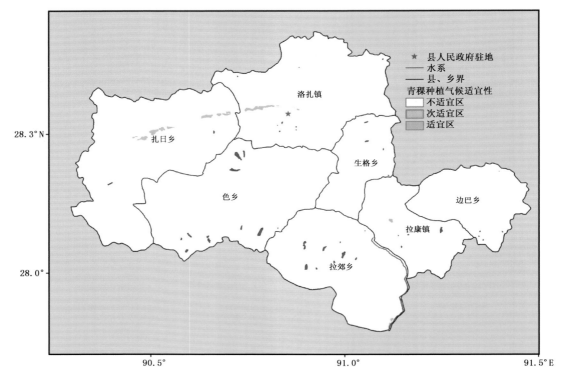

图 5.11　洛扎县青稞种植气候适宜性区划

5.12　措美县青稞种植气候适宜性区划

5.12.1　自然地理

措美县位于山南市中部、喜马拉雅山北麓。东与隆子县交界,南与洛扎县、错那县相连,北与乃东区、琼结县、扎囊县为邻。地处藏南山原湖盆区的高原湖谷地区,地势北高南低。境内山脉连绵起伏,山间河流纵横交错,河谷陡峭,沼泽湖泊众多,从南到北依次为深切的高山峡谷和宽谷,平均海拔约 4 170 m。主要河流有当许雄曲、业久曲、曲惹曲等,湖泊有哲古错、格错、羊错等。面积约 0.45×10^4 km²,2010 年总人口 13 641 人。县人民政府驻地在措美镇,辖 2 个镇、2 个乡和 16 个村(居)委会。

5.12.2　气候概况

措美县城属高原温带季风半干旱气候,冬冷夏凉,干湿季分明。年平均气压 601.5 hPa;年日照时数 2 867.7 h,年太阳总辐射 5 846.8 MJ/m²;年平均气温 3.6 ℃,气温年较差 16.4 ℃,年极端最高气温 22.4 ℃(2016 年 9 月 29 日),年极端最低气温 −19.6 ℃(2018 年 12 月 20 日);≥0 ℃积温为 1 812.5 ℃·d;年降水量 355.7 mm,日最大降水量 28.6 mm(2017 年 7 月

11 日);年无霜期 60~80 d。

措美县城最热月(6 月)平均气温 11.0 ℃,最冷月(1 月)平均气温－5.4 ℃;最热月平均最高气温 17.6 ℃,最冷月平均最低气温－16.5 ℃。

措美县主要有雪灾、干旱、霜冻、冰雹等气象灾害。雪灾主要出现在春季,3—4 月出现频率较高,约占总频次的 70%。初夏干旱发生频率较高,约 25%,平均 4 年一遇。该县热量较低,粮油作物的种植区海拔也较高,易受霜冻的危害,尤其以早霜冻的危害严重。冰雹多出现在雨季,尤以 6—8 月出现的频率最高,约占年总数的一半。

5.12.3　农业生产

措美县为半农半牧县,农作物有青稞、小麦、油菜、荞麦、豌豆和马铃薯等。2017 年乡村从业人口 6 847 人,农林牧渔业产值 4 172 万元。2017 年末实有耕地面积 984.0 hm²,农田有效灌溉面积 983.9 hm²,农作物总播种面积 983.0 hm²。粮食播种面积 662.0 hm²,总产量 3 100.0 t,单产量 4 682.8 kg/hm²,其中,青稞播种面积 555.0 hm²,总产量 2 489.0 t,单产量 4 484.7 kg/hm²。

5.12.4　青稞种植气候适宜性区划

措美县青稞种植均为次适宜区,面积约为 983.9 hm²,占耕地面积的 100%,主要分布于乃西乡和措美镇(图 5.12)。

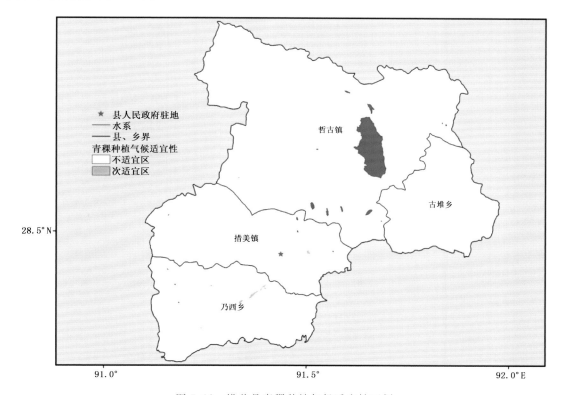

图 5.12　措美县青稞种植气候适宜性区划

第6章 那曲市各县青稞种植气候适宜性区划

6.1 索县青稞种植气候适宜性区划

6.1.1 自然地理

索县位于那曲市东北部,怒江上游的索曲流域。周边与巴青县、丁青县、边坝县、比如县为邻。地处藏北高原和藏东高山峡谷的结合部,属南羌塘大湖盆区域。地形以平地为主,地势西高东低,由西至东逐渐倾斜,平均海拔 3 752 m。西部有少数较开阔的高寒山地草原,其余为高山峡谷地区,沟壑纵横,山峰耸立。主要河流有怒江、索曲、热曲等。面积约 0.59 × 10^4 km²,2010 年总人口 43 621 人。县人民政府驻地在亚拉镇,辖 2 个镇、8 个乡和 124 个村(居)委会。

6.1.2 气候概况

索县县城属高原温带季风半湿润气候,日照时间较长,太阳辐射强,雨雪较多,气温年较差大。夏季温凉湿润、雨水集中,冬季较寒冷、多大风。年平均气压 623.3 hPa;年日照时数 2 412.4 h,年太阳总辐射 4 807.7 MJ/m²;年平均气温 2.2 ℃,气温年较差 20.8 ℃,年极端最高气温 26.7 ℃(1998 年 6 月 12 日),年极端最低气温 −36.8 ℃(1968 年 1 月 17 日);≥0 ℃积温 1 648.2 ℃·d;年降水量 594.7 mm,日最大降水量 54.1 mm(2010 年 8 月 29 日);年蒸发量 1 621.9 mm;年平均相对湿度 56%;年平均风速 1.9 m/s,最多风向为西北偏西风;年无霜期 68 d;年积雪日数 62.4 d;年最大冻土深度 141 cm。

索县县城最热月(7月)平均气温 11.8 ℃,最冷月(1月)平均气温 −9.0 ℃;最热月平均最高气温 18.7 ℃,最冷月平均最低气温 −16.2 ℃。

索县主要有雪灾、干旱、大风、冰雹、雷电等气象灾害。雪灾发生频率为 42.5%,平均 2~3 年一遇,其中重灾发生频率为 15.0%,平均 6~7 年一遇;夏旱发生频率为 12.5%,平均 8 年一遇,均为轻旱。年大风日数 109.4 d,最多年高达 200 d(2005 年),冬、春季出现大风较多,占年大风日数的 59.6%。年冰雹日数为 16.5 d,最多年达到 43 d(1974 年),主要出现在 5—9 月,占年冰雹日数的 91.5%。该县属于强雷暴区,年雷暴日数为 76.2 d,为全区之最。最多年可达 118 d(1974 年),最少年 60 d(2004 年),集中在 5—9 月,占年雷暴日数的 92.4%。

6.1.3 农业生产

索县为半农半牧县,农作物有青稞、油菜、豌豆和马铃薯等。2017 年乡村从业人口 19 555 人,农林牧渔业产值 23 102 万元。2017 年末实有耕地面积 2 707.0 hm²,农作物总播种面积 2 622.0 hm²。粮食播种面积 2 013.0 hm²,总产量 5 196.0 t,单产量 2 581.2 kg/hm²,其中,青稞播种面积 1 966.0 hm²,总产量 5 059.0 t,单产量 2 534.6 kg/hm²。

6.1.4 青稞种植气候适宜性区划

索县青稞种植最适宜区面积约为 166.8 hm²,占耕地面积的 6.1%,主要分布于嘎木乡。青稞种植适宜区面积约为 1 726.4 hm²,占耕地面积的 63.8%,主要分布于赤多乡和江达乡怒江岸边、加勤乡热玛曲流域、色昌乡和荣布镇河谷地带、嘎木乡。青稞种植次适宜区面积约为 813.8 hm²,占耕地面积的 30.1%,主要分布于赤多乡和江达乡怒江岸边、加勤乡热玛曲流域、荣布镇河谷地带(图 6.1)。

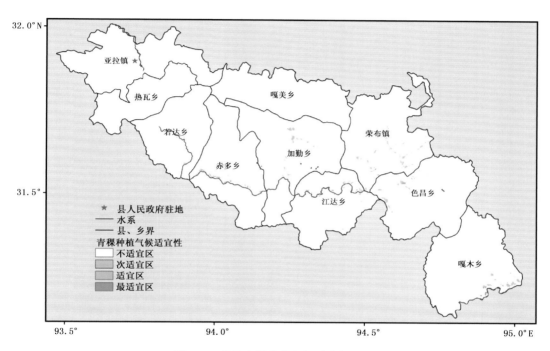

图 6.1 索县青稞种植气候适宜性区划

6.2 比如县青稞种植气候适宜性区划

6.2.1 自然地理

比如县位于那曲市东部。周边与边坝县、嘉黎县、索县、色尼区、聂荣县及巴青县接壤。地处唐古拉山脉和念青唐古拉山脉之间、怒江上游。以低山丘陵为主,间有高山峡谷,四周冰山雪峰环绕。平均海拔 4 000 m。主要河流有怒江、姐曲、七曲、白曲、下秋曲等。面积约 1.14×10⁴ km²,2010 年总人口 60 179 人。县人民政府驻地在比如镇,辖 2 个镇、8 个乡和 175 个村(居)委会。

6.2.2 气候概况

比如县城属高原温带季风半湿润气候,光照时间长,辐射较强,干湿季节明显,夏季温凉、雨水多,冬季较寒冷、日照强。年平均气压 632.1 hPa;年日照时数 2 301.3 h,年太阳总辐射 4 679.5 MJ/m²;年平均气温 3.6 ℃,气温年较差 19.1 ℃,年极端最高气温 29.4 ℃(1995 年 6 月 9 日),年极端最低气温−24.5 ℃(1999 年 1 月 11 日);≥0 ℃积温 1 904.6 ℃·d;年降水量 591.6 mm,日最大降水量 46.8 mm(1984 年 6 月 12 日);年蒸发量 1 638.8 mm;年平均相对湿度 55%;年平均风速 1.5 m/s,最多风向为西风;年无霜期 77 d;年积雪日数 44.9 d;年最大冻土深度 119 cm。

比如县城最热月(7 月)平均气温 12.5 ℃,最冷月(1 月)平均气温−6.6 ℃;最热月平均最高气温 20.3 ℃,最冷月平均最低气温−13.7 ℃。

比如县主要有雪灾、干旱、大风、冰雹、雷电等气象灾害。雪灾发生频率为 42.9%,平均约 2 年一遇,以轻灾为主。夏旱发生频率为 13.8%,平均约 7 年一遇,为轻旱。年大风日数为 25.7 d,最多年达 92 d(1989 年),最少年也有 8 d(1995 年),冬、春季出现大风较多,占年总数的 68.1%。年冰雹日数为 6.3 d,最多年可达 17 d(1985 年),主要出现在 5—9 月,占年冰雹日数的 93.7%。该县属于多雷暴区,年雷暴日数 44.6 d,最多年可达 69 d(1994 年),最少年 15 d(2000 年),主要集中在 5—9 月,占年雷暴日数的 93.7%。

6.2.3 农业生产

比如县为半农半牧县,主要农作物有青稞、小麦、豌豆、马铃薯等。2017 年乡村从业人口 29 027 人,农林牧渔业产值 55 726 万元。2017 年末实有耕地面积 1 685.4 hm²,农作物总播种面积 1 680.0 hm²。粮食播种面积 1 343.0 hm²,总产量 3 863.0 t,单产量 2 876.4 kg/hm²,其中,青稞播种面积 1 334.0 hm²,总产量 3 652.0 t,单产量 2 737.6 kg/hm²。

6.2.4 青稞种植气候适宜性区划

比如县青稞种植最适宜区面积约为 436.7 hm²,占耕地面积的 25.9%,主要分布于比如镇的怒江岸边。青稞种植适宜区面积约为 415.7 hm²,占耕地面积的 24.7%,主要分布于白嘎乡。青稞种植次适宜区面积约为 833.0 hm²,占耕地面积的 49.4%,主要分布于白嘎乡、香曲乡的怒江岸边(图 6.2)。

6.3 巴青县青稞种植气候适宜性区划

6.3.1 自然地理

巴青县位于那曲市东部、怒江上游。北邻青海省,东依丁青县,南靠索县、比如县,西接聂荣县。地处藏北高原南羌塘大湖盆区,北部为唐古拉山脉,东部群山耸立、山峰叠嶂,地势北高南低,平均海拔 4 500 m 以上。主要河流有索曲、巴青曲、益曲、本曲、连曲等,大部分汇入怒江上游的索曲和青海境内的澜沧江。湖泊有巴加蒙错。面积约 1.03×10⁴ km²,2010 年总人口 48 284 人。县人民政府驻地在拉西镇,辖 3 个镇、7 个乡和 156 个村(居)委会。

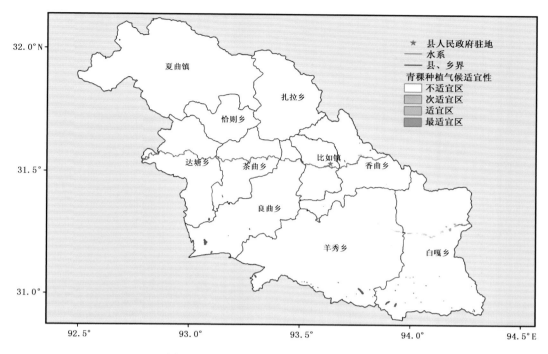

图 6.2 比如县青稞种植气候适宜性区划

6.3.2 气候概况

巴青县城属高原温带季风半湿润气候,日照时间长,冬寒夏凉,气温年较差大,冬季多风雪。年平均气压 545.2 hPa;年日照时数 2 478.0 h,年太阳总辐射 5 049.7 MJ/m²;年平均气温 1.6 ℃,气温年较差 21.1 ℃,年极端最高气温 25.1 ℃(2016 年 8 月 19 日),年极端最低气温—24.0 ℃(2019 年 1 月 5 日);≥0 ℃积温 1 628.3 ℃ · d;年降水量 562.5 mm,日最大降水量 30.6 mm(2017 年 8 月 19 日);年无霜期约 60 d。

巴青县城最热月(7 月)平均气温 11.5 ℃,最冷月(1 月)平均气温—9.6 ℃;最热月平均最高气温 17.7 ℃,最冷月平均最低气温—18.5 ℃。

巴青县主要有雪灾、干旱、洪涝、大风等气象灾害。

6.3.3 农业生产

巴青县以牧业为主,有少量种植业,农作物有青稞、小麦、油菜、豌豆和马铃薯等。2017 年乡村从业人口 23 694 人,农林牧渔业产值 23 639 万元。2017 年末实有耕地面积 223.5 hm²,农作物总播种面积 128.0 hm²。粮食播种面积 78.0 hm²,总产量 141.0 t,单产量 1 807.7 kg/hm²,其中,青稞播种面积 61.0 hm²,总产量 123.0 t,单产量 2 016.4 kg/hm²。

6.3.4 青稞种植气候适宜性区划

巴青县青稞种植均为次适宜区,面积约 223.5 hm²,占耕地面积的 100%,主要分布于玛如乡、江绵乡、雅安镇(图 6.3)。

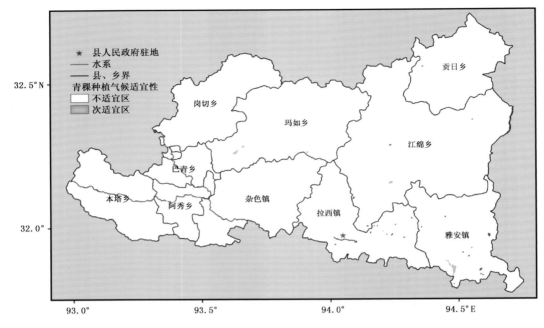

图 6.3　巴青县青稞种植气候适宜性区划

6.4　嘉黎县青稞种植气候适宜性区划

6.4.1　自然地理

嘉黎县位于那曲市东南部。地处唐古拉山脉和念青唐古拉山脉之间,是藏北高原与藏东高山峡谷的结合地带,属典型的高原山地,平均海拔 4 500 m。北邻色尼区、比如县,东靠边坝县、波密县,南邻墨竹工卡县、工布江达县,西与林周县、当雄县接壤。地处藏北高寒高原与藏东高山峡谷结合地带。地势由西北倾向东南,主要山脉是念青唐古拉山脉。主要河流有麦地藏布、秀达曲、色荣藏布、哈仁曲等,湖泊有澎错、东德错、错日阿错。面积约 1.33×104 km^2,2010 年总人口 32 356 人。县人民政府驻地在阿扎镇,辖 2 个镇、8 个乡和 122 个村(居)委会。

6.4.2　气候概况

嘉黎县城属高原亚寒带季风湿润气候,光照充足,辐射较强;冬寒夏凉,降水充沛,冬季降雪频繁,无霜期短。年平均气压 588.5 hPa;年日照时数 2 547.7 h,年太阳总辐射 6 075.7 MJ/m^2;年平均气温 -0.3 ℃,气温年较差 19.4 ℃,年极端最高气温 22.4 ℃(1997 年 8 月 3 日),年极端最低气温 -36.8℃(1979 年 1 月 25 日);$\geqslant 0$ ℃积温 1 111.9 ℃·d;年降水量 738.1 mm,日最大降水量 55.3 mm(2019 年 7 月 14 日);年蒸发量 1 379.1 mm;年平均相对湿度 61%;年平均风速 2.0 m/s,最多风向西风;年无霜期 37 d;年积雪日数 121.3 d。

嘉黎县城最热月(7 月)平均气温 8.8 ℃,最冷月(1 月)平均气温 -10.6 ℃;最热月平均最高气温 15.9 ℃,最冷月平均最低气温 -18.8 ℃。

　　嘉黎县主要有雪灾、干旱、洪涝、大风、冰雹、雷电等气象灾害。雪灾发生频率为 72.5%，几乎年年都有，其中重灾发生频率 27.5%，平均 3~4 年一遇。初夏与盛夏干旱发生频率分别为 10% 和 13%，以盛夏出现频率较大，平均 7~8 年一遇。初夏、盛夏洪涝发生频率分别为 20% 和 7%，以初夏发生频率较大，平均 5 年一遇。年大风日数为 36.5 d，最多年达 93 d（1984年），最少年只有 2 d（1992 年和 1993 年），冬、春季出现大风较多，大风日数为 21.2 d，占年大风日数的 58.1%。年冰雹日数为 15.9 d，最多年可达 31 d（1983 年），最少年也有 2 d（2015 年和 2016 年），主要出现在 5—9 月，占年冰雹日数的 98.7%。该县属于多雷暴区，年雷暴日数为 53.6 d，最多年多达 72 d（1989 年），最少年 33 d（2008 年），主要集中在 5—9 月，占年雷暴日数的 92.0%。

6.4.3　农业生产

　　嘉黎县以牧业为主，兼有少量种植业。农作物有青稞、小麦、豌豆和马铃薯等。2017 年乡村从业人口 15 650 人，农林牧渔业产值 27 201 万元。2017 年末实有耕地面积 321.3 hm²，农作物总播种面积 321.3 hm²。粮食播种面积 162.0 hm²，总产量 515.0 t，单产量 3 179.0 kg/hm²，其中，青稞播种面积 104.0 hm²，总产量 430.0 t，单产量 4 134.6 kg/hm²。

6.4.4　青稞种植气候适宜性区划

　　嘉黎县青稞种植适宜区面积约为 225.9 hm²，占耕地面积的 70.3%，主要分布于忠玉乡的尼屋藏布两岸。青稞种植次适宜区面积约 95.4 hm²，占耕地面积的 29.7%，零星分布在阿扎镇、忠玉乡和鸽群乡（图 6.4）。

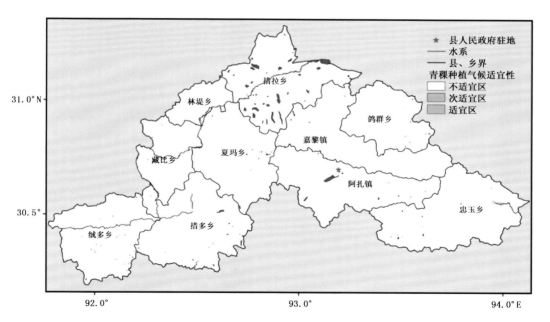

图 6.4　嘉黎县青稞种植气候适宜性区划

第7章 林芝市各县(区)青稞种植气候适宜性区划

7.1 巴宜区青稞种植气候适宜性区划

7.1.1 自然地理

巴宜区位于林芝市西北部、雅鲁藏布江北岸及尼洋曲下游。东邻墨脱县,南接米林县,西靠工布江达县,北连波密县。属于藏东南雅鲁藏布江中游地带,地势险峻,间有河谷平地,地势起伏较大,河网密布,河谷深切,平均海拔 3 000 m。尼洋曲横穿县境,将本县切割为南、北两大板块。最高山峰加拉白垒峰,海拔 7 294 m。主要河流有尼洋曲、雅鲁藏布江、拉木曲、洛木曲等,湖泊有多嘎错、波所错、错木及日等。总面积 1.02×10⁴ km²,2010 年总人口 54 702 人。区人民政府驻地在八一镇,辖 1 个街道办事处、4 个镇、3 个乡和 71 个村(居)委会。

7.1.2 气候概况

巴宜区城区属高原温带季风半湿润气候,夏季温暖、雨水多湿润,冬季较冷、干燥。年平均气压 708.1 hPa;年日照时数 2 022.0 h;年太阳总辐射 4 224.2 MJ/m²;年平均气温 9.1 ℃,气温年较差 15.1 ℃,年极端最高气温 30.6 ℃(2006 年 7 月 17 日),年极端最低气温 −13.7 ℃(1983 年 1 月 4 日);≥0 ℃积温 3 319.9 ℃·d;年降水量 692.7 mm,最大日降水量 65.6 mm(2015 年 8 月 19 日);年蒸发量 1 808.3 mm;年平均相对湿度 64%;年平均风速 1.8 m/s,最多风向为东北偏东风;年无霜期 173 d;年积雪日数 11.7 d;年最大冻土深度 13 cm。

巴宜区城区最热月(7 月)平均气温 16.1 ℃,最冷月(1 月)平均气温 1.0 ℃;最热月平均最高气温 22.3 ℃,最冷月平均最低气温 −4.7 ℃。

巴宜区主要有干旱、洪涝、霜冻、冰雹、雷电、大风等气象灾害,以及泥石流、滑坡等地质灾害。春旱发生频率为 40%,平均 2～3 年一遇,其中重旱约 6 年一遇;初夏干旱发生频率为 33.4%,平均约 3 年一遇;盛夏干旱发生频率为 43.4%,平均约 2 年一遇。夏季洪涝发生频率为 15.8%,平均约 6 年一遇。年冰雹日数为 3.2 d,最多年为 12 d(1977 年),主要出现在春季(3—5 月),占年冰雹日数的 75.0%。该区属于中雷暴区,年雷暴日数 28.8 d,最多年为 44 d(1966 年、1984 年),最少年 15 d(2009),多集中在 4—9 月,占年雷暴日数的 84.7%。年大风日数 9.6 d,主要出现在春季,占年大风日数的 60.4%。

7.1.3 农业生产

巴宜区为农林业区,主要农作物有冬小麦、春青稞、油菜、玉米、豌豆和蚕豆等。2017 年乡村从业人口 7 551 人,农林牧渔业产值 22 318 万元。2017 年末实有耕地面积 2 881.0 hm²,农田有效灌溉面积 2 601.0 hm²,农作物总播种面积 4 137.4 hm²。粮食播种面积 2 529.2 hm²,总产量 13 838.3 t,单产量 5 471.4 kg/hm²,其中,青稞播种面积 667.0 hm²,总产量 2 993.4 t,单产量 4 487.9 kg/hm²。

7.1.4 青稞种植气候适宜性区划

巴宜区青稞种植最适宜区面积约为 758.9 hm²,占耕地面积的 26.3%,主要分布于鲁朗镇的索母河两岸、布久乡和米瑞乡的娘曲岸边。青稞种植适宜区面积约为 1 589.1 hm²,占耕地面积的 55.2%,主要分布于鲁朗镇。青稞种植次适宜区面积约为 532.5 hm²,占耕地面积的 18.5%,零星分布于林芝镇和鲁朗镇(图 7.1)。

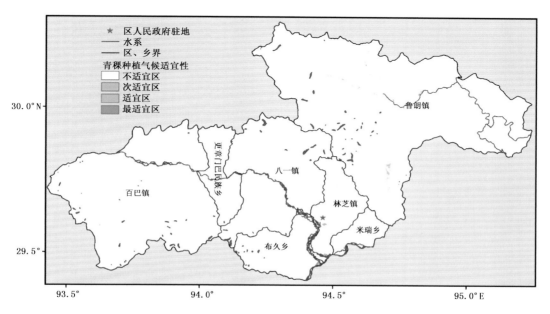

图 7.1　巴宜区青稞种植气候适宜性区划

7.2　米林县青稞种植气候适宜性区划

7.2.1　自然地理

米林县位于林芝市中西部、雅鲁藏布江中游、念青唐古拉山中脉与喜马拉雅山脉之间。东邻墨脱县,南接隆子县,西靠朗县,北连工布江达县、巴宜区。该县地处雅鲁藏布江中游河谷地带,地势西高东低,谷地宽阔,相对高差较小,南迦巴瓦峰与加拉白垒峰隔江相望。主要山脉有郭喀拉日居山等,最高山峰南迦巴瓦峰海拔 7 782 m。主要河流有雅鲁藏布江、里龙普曲、纳伊普曲、朗贡普曲等。面积 0.95×10⁴ km²,2010 年总人口 22 834 人。县人民政府驻地在米林镇,辖 3 个镇、5 个乡和 67 个村(居)委会。

7.2.2　气候概况

米林县城属高原温带季风湿润气候,秋、冬季日照充足,较干燥,夏季降水充沛、湿度大。年平均气压 714.4 hPa;年日照时数 1 678.4 h,年太阳总辐射 3 819.2 MJ/m²;年平均气温 8.6 ℃,气温年较差 15.8 ℃,年极端最高气温 29.8 ℃(2017 年 8 月 5 日),年极端最低气温 −15.8 ℃(1983 年 1 月 4 日、5 日);≥0 ℃积温 3 160.8 ℃·d;年降水量 702.3 mm,日最大降水量 81.8 mm(2008 年 10 月 27 日);年蒸发量 1 206.4 mm;年平均相对湿度 71%;年平均风速 1.6 m/s,最多风向为东北风;年无霜期 165 d;年积雪日数 15.8 d。

米林县城最热月(7 月)平均气温 16.0 ℃,最冷月(1 月)平均气温 0.2 ℃;最热月平均最高气温 22.1 ℃,最冷月平均最低气温 −5.5 ℃。

米林县主要有干旱、洪涝、霜冻、冰雹、雷电、大风等气象灾害,以及泥石流、滑坡、山体崩塌等地质灾害。夏旱发生频率为 17.2%,平均约 6 年一遇;夏涝发生频率为 10.3%,平均约 10 年一遇。年冰雹日数为 1.6 d,最多年为 7 d(1990 年),出现在春季。该县属于少雷暴区,年雷暴日数为 17.5 d,最多年为 38 d(1982 年),最少年仅有 5 d(2005 年),集中在 4—9 月,占年雷暴日数的 89.1%,以 4 月最多,为 3.6 d。年大风日数 6.5 d,以春季最多,占年大风日数的 70.8%。

7.2.3　农业生产

米林县为农林业县,农作物有冬小麦、青稞、油菜、玉米和豌豆等。2017 年乡村从业人口 8 751 人,农林牧渔业产值 19 140 万元。2017 年末实有耕地面积 3 594.0 hm²,农田有效灌溉面积 3 122.0 hm²,农作物总播种面积 3 539.7 hm²。粮食播种面积 2 859.0 hm²,总产量 9 950.8 t,单产量 3 480.5 kg/hm²,其中,青稞播种面积 555.5 hm²,总产量 1 863.5 t,单产量 3 354.6 kg/hm²。

7.2.4　青稞种植气候适宜性区划

米林县青稞种植最适宜区面积约为 995.3 hm²,占耕地面积的 27.7%,主要分布于扎西绕登乡、羌纳乡和米林镇的雅鲁藏布江两岸。青稞种植适宜区面积约为 2 071.5 hm²,占耕地面积的 57.6%,主要分布于卧龙镇和派镇的雅鲁藏布江两岸。青稞种植次适宜区面积约为 527.2 hm²,占耕地面积的 14.7%,主要分布于扎西绕登乡(图 7.2)。

7.3　波密县青稞种植气候适宜性区划

7.3.1　自然地理

波密县位于林芝市北部、雅鲁藏布江东岸。东邻八宿县,南接工布江达县、巴宜区、墨脱县,西靠嘉黎县,北连边坝县、洛隆县。地处念青唐古拉山脉东段的南麓地带,属山地丘陵县,四周为山地,中间为河谷地区。北部、西部、东部均属念青唐古拉山脉向东延伸的分支。东部有伯舒拉岭的支脉,南部有喜马拉雅山的分支。平均海拔 4 200 m 左右。主要山脉有念青唐古拉山、伯舒拉岭等。主要河流有易贡藏布、帕隆藏布、波都藏布、亚龙藏布、额公藏布等,主要

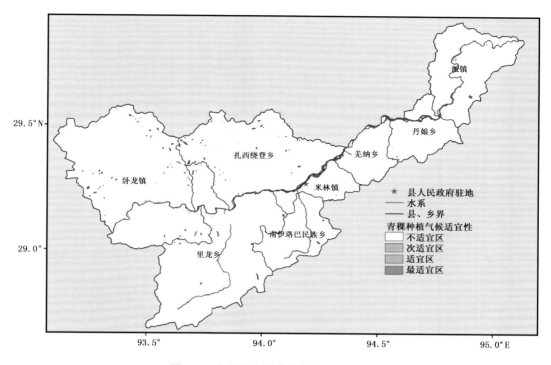

图 7.2　米林县青稞种植气候适宜性区划

湖泊有易贡错。面积约 1.50×10^4 km^2，2010 年总人口 33 480 人。县人民政府驻地在扎木镇，辖 3 个镇、7 个乡和 85 个村(居)委会。

7.3.2　气候概况

波密县城属高原温带季风湿润气候，夏无酷暑，冬无严寒，雨量充沛，日照时间相对较少，气候湿润。年平均气压 733.0 hPa；年日照时数 1 443.5 h，年太阳总辐射 3 806.3 MJ/m^2；年平均气温 9.0 ℃，气温年较差 16.2 ℃，年极端最高气温 31.2 ℃(2001 年 7 月 8 日、2006 年 7 月 17 日)，年极端最低气温 -20.3 ℃(1962 年 1 月 3 日)；≥0 ℃积温 3 295.4 ℃·d；年降水量 894.5 mm，日最大降水量 131.4 mm(1988 年 10 月 6 日)；年蒸发量 1 434.1 mm，年平均相对湿度 71%；年平均风速 1.5 m/s，最多风向为西北风；年无霜期 182 d；年积雪日数 11.0 d；年最大冻土深度 18 cm。

波密县城最热月(7 月)平均气温 16.9 ℃，最冷月(1 月)平均气温 0.7 ℃；最热月平均最高气温 23.6 ℃，最冷月平均最低气温 -5.2 ℃。

波密县主要有干旱、洪涝、霜冻、雷电、大风等气象灾害，以及泥石流、滑坡、山体崩塌等地质灾害。夏旱发生频率为 24.4%，平均 4 年一遇；夏涝发生频率为 17.1%，平均约 6 年一遇。波密县属于少雷暴区，年雷暴日数为 7.5 d，最多年为 18 d(1984 年)，2005 年未出现，雷暴集中在 7—8 月，占年雷暴日数的 58.7%。年大风日数 2.0 d，多出现在冬春季，占年大风日数的 70.0%。

7.3.3 农业生产

波密县为西藏粮食生产基地，主要农作物有冬小麦、春青稞、油菜、玉米和豌豆等。2017年乡村从业人口 13 521 人，农林牧渔业产值 27 141 万元。2017 年末实有耕地面积 4 606.0 hm²，农田有效灌溉面积 3 013.0 hm²，农作物总播种面积 4 807.6 hm²。粮食播种面积 4 267.6 hm²，总产量 19 652.6 t，单产量 4 605.1 kg/hm²，其中，青稞播种面积 1 479.9 hm²，总产量 6 721.8 t，单产量 4 542.1 kg/hm²。

7.3.4 青稞种植气候适宜性区划

波密县青稞种植最适宜区面积约为 1 708.6 hm²，占耕地面积的 37.1%，主要分布于易贡乡、古乡和扎木镇的帕隆藏布两岸。青稞种植适宜区面积约为 2 366.3 hm²，占耕地面积的 51.4%，主要分布于玉许乡和倾多镇的亚龙藏布河谷，多吉乡、松宗镇的帕隆藏布两岸。青稞种植次适宜区面积约为 531.0 hm²，占耕地面积的 11.5%，主要分布于玉许乡、倾多镇和多吉乡的高海拔地区(图 7.3)。

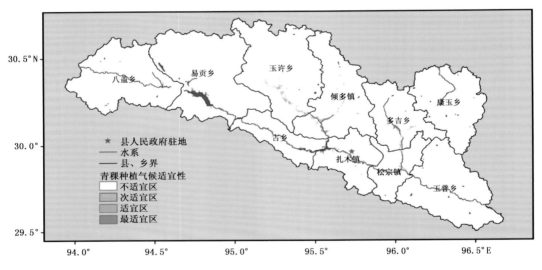

图 7.3　波密县青稞种植气候适宜性区划

7.4　察隅县青稞种植气候适宜性区划

7.4.1 自然地理

察隅县位于林芝市东部，为西藏自治区边境县之一。东邻云南省，南接缅甸、印度两国，西靠墨脱县，北连波密县、八宿县、左贡县。地处横断山脉西麓，属喜马拉雅山脉与横断山脉过渡地带的藏东南高山峡谷地区。地势北高南低，起伏很大，垂直高差比较悬殊。主要山脉有伯舒拉岭、横断山等；最高山峰白日嘎海拔 6 882 m。主要河流有怒江、察隅河、贡日嘎布曲等。面积约 3.17×10⁴ km²，2010 年总人口 27 255 人。县人民政府驻地在竹瓦根镇，辖 3 个镇、3 个乡和 97 个村(居)委会。

7.4.2 气候概况

察隅县城属亚热带山地季风湿润气候,独特的亚热带气候,造就了察隅"一山有四季,四季不同天"的神奇自然景观,赢得了"西藏小江南"的美誉。年平均气压 769.1 hPa;年日照时数 1 456.0 h,年太阳总辐射 2 477.9 MJ/m²;年平均气温 12.1 ℃,气温年较差 14.3 ℃,年极端最高气温 32.6 ℃(2001 年 7 月 5 日),年极端最低气温 −5.5 ℃(1978 年 1 月 13 日);≥0 ℃积温 4 429.9 ℃·d;年降水量 792.3 mm,日最大降水量 100.7 mm(2010 年 4 月 23 日);年蒸发量 1 651.6 mm;年平均相对湿度 68%;年平均风速 1.8 m/s,最多风向为西南偏南风,年内无大风日数;年无霜期 223 d;年积雪日数 4.9 d;年最大冻土深度 13 cm。

察隅县城最热月(7 月)平均气温 19.0 ℃,最冷月(1 月)平均气温 4.7 ℃;最热月平均最高气温 24.9 ℃,最冷月平均最低气温 −0.2 ℃。

察隅县主要有干旱、洪涝、雷电等气象灾害,以及泥石流、滑坡等地质灾害。春旱发生频率为 40%,平均 2~3 年一遇,其中重旱约 6 年一遇;初夏干旱发生频率为 33.4%,平均约 3 年一遇;盛夏干旱发生频率为 43.4%,平均约 2 年一遇。初夏洪涝发生频率为 35%,平均约 3 年一遇;盛夏洪涝发生频率为 25%,平均 4 年一遇。该县属于少雷暴区,年雷暴日数为 9.5 d,最多年为 24 d(1986 年),主要集中在 6—8 月,占年雷暴日数的 77.9%。

7.4.3 农业生产

察隅县为农业县,农作物有小麦、青稞、油菜、水稻、玉米和花生等,经济林果有橘子、香蕉、甘蔗等。2017 年乡村从业人口 11 105 人,农林牧渔业产值 19 331 万元。2017 年末实有耕地面积 2 903.0 hm²,农田有效灌溉面积 2 231.0 hm²,农作物总播种面积 4 309.5 hm²。粮食播种面积 3 856.2 hm²,总产量 19 815.6 t,单产量 5 138.6 kg/hm²,其中,青稞播种面积 827.9 hm²,总产量3 277.2 t,单产量 3 958.4 kg/hm²。

7.4.4 青稞种植气候适宜性区划

察隅县青稞种植最适宜区面积约为 547.7 hm²,占耕地面积的 18.9%,主要分布于上察隅镇。青稞种植适宜区面积约为 2355.7 hm²,占耕地面积的 81.1%,主要分布于下察隅镇(图 7.4)。

7.5 朗县青稞种植气候适宜性区划

7.5.1 自然地理

朗县位于林芝市西部、雅鲁藏布江中游。东邻米林县,南接隆子县,西靠加查县,北连工布江达县。地处雅鲁藏布江中游两岸,属于高原丘陵地形。地势北部和中部高,南部低,多为较开阔的谷地、坡地和山地。境内山峰海拔大都在 5 000 m 以上,并且终年被冰川覆盖。最高山峰柯马于布海拔 5 809 m。主要河流有雅鲁藏布江、古如曲、普曲等。面积约 0.42×10⁴ km²,2010 年总人口 15 946 人。县人民政府驻地在朗镇,辖 3 个镇、3 个乡和 52 个村(居)委会。

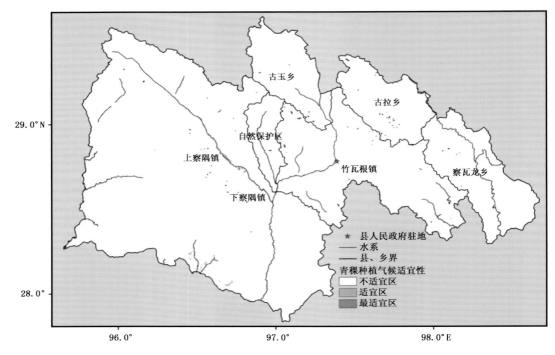

图 7.4　察隅县青稞种植气候适宜性区划

7.5.2　气候概况

朗县县城属高原温带季风半湿润气候,干湿季分明,雨水集中,日照较为充足,夏季温暖,冬季不冷。年平均气压 667.1 hPa;年日照时数 2 372.6 h,年太阳总辐射 6 309.1 MJ/m²;年平均气温 7.6 ℃,气温年较差 15.3 ℃,年极端最高气温 33.8 ℃(2019 年 6 月 24 日),年极端最低气温－12.3 ℃(2019 年 12 月 29 日);≥0 ℃积温 3 300.0 ℃·d;年降水量 667.8 mm,日最大降水量 28.3 mm(2017 年 8 月 9 日);年无霜期 150 d 左右。

朗县县城最热月(7 月)平均气温 14.6 ℃,最冷月(1 月)平均气温－0.7 ℃;最热月平均最高气温 21.0 ℃,最冷月平均最低气温－6.7 ℃。

朗县主要有干旱、洪涝、霜冻等气象灾害。春旱发生频率为 40%,平均 2～3 年一遇;初夏干旱发生频率为 33%,平均约 3 年一遇。洪涝灾害平均 4 年一遇,主要发生在夏季。霜冻主要发生在海拔 3 800 m 以上地区,初霜冻危害较大。

7.5.3　农业生产

朗县为农业县,农作物有冬小麦、春青稞、油菜、玉米、荞麦、豌豆和蚕豆等。2017 年乡村从业人口 8 652 人,农林牧渔业产值 17 550 万元。2017 年末实有耕地面积 1 369.0 hm²,农田有效灌溉面积 1 271.0 hm²,农作物总播种面积 1 177.8 hm²。粮食播种面积 892.5 hm²,总产量 5 522.4 t,单产量 6 187.6 kg/hm²,其中,青稞播种面积 436.9 hm²,总产量 2 311.4 t,单产量 5 290.5 kg/hm²。

7.5.4 青稞种植气候适宜性区划

朗县青稞种植最适宜区面积约为 1 169.6 hm²，占耕地面积的 85.4%，主要分布于朗镇的雅鲁藏布江岸边。青稞种植适宜区面积约为 151.0 hm²，占耕地面积的 11.0%，主要分布于洞嘎镇的雅鲁藏布江岸边。青稞种植次适宜区面积约为 48.4 hm²，占耕地面积的 3.6%，主要分布于洞嘎镇高海拔地区(图 7.5)。

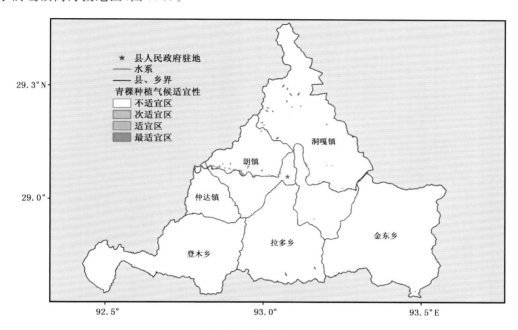

图 7.5　朗县青稞种植气候适宜性区划

7.6　工布江达县青稞种植气候适宜性区划

7.6.1　自然地理

工布江达县位于林芝市西部，念青唐古拉山南麓、雅鲁藏布江以北、尼洋曲中上游地区。东邻巴宜区、波密县，南接米林县、朗县、加查县、桑日县，西靠墨竹工卡县，北连嘉黎县。地处雅鲁藏布江中游河谷地带，郭喀拉日居山脉耸立南部，地势西高东低，山峰林立，沟壑纵横。平均海拔 3 500 m。主要山脉有郭喀拉日居。康泽些萨为最高山峰，海拔 6 562 m。主要河流有尼洋曲、娘曲、白曲、巴朗曲等，湖泊有错高湖、新错、乃浪错等。面积约 1.17×10⁴ km²，2010 年总人口 29 929 人。县人民政府驻地在工布江达镇，辖 3 个镇、6 个乡和 80 个村(居)委会。

7.6.2　气候概况

工布江达县城属高原温带季风半湿润气候，夏季温暖、雨水集中、湿润，冬季降雪少、干燥。年平均气压 635.1 hPa；年日照时数 2 041.6 h，年太阳总辐射 4 539.0 MJ/m²；年平均气温

7.0 ℃,气温年较差 17.6 ℃,年极端最高气温 29.8 ℃(2019 年 6 月 23 日),年极端最低气温
－16.7 ℃(2019 年 1 月 5 日);≥0 ℃积温 2 816.4 ℃·d;年降水量 619.2 mm,日最大降水量
26.5 mm(2017 年 8 月 4 日);年蒸发量 1 457.3 mm;年无霜期 130 d。

工布江达县城最热月(7 月)平均气温 15.2 ℃,最冷月(1 月)平均气温－2.4 ℃;最热月平
均最高气温 19.7 ℃,最冷月平均最低气温－9.9 ℃。

工布江达县主要有干旱、洪涝、霜冻等气象灾害。本县春旱发生频率为 40%,平均 2～3
年一遇;初夏干旱发生频率为 33%,平均约 3 年一遇;盛夏干旱发生频率为 35%,平均约 3 年
一遇。洪涝灾害平均 3～4 年一遇,多出现在盛夏。霜冻多发生在春季,终霜冻危害较重。

7.6.3　农业生产

工布江达县为半农半牧县,农作物有春青稞、春小麦、油菜、豌豆和蚕豆等。2017 年乡村
从业人口 14 307 人,农林牧渔业产值 26 789 万元。2017 年末实有耕地面积 3 135.0 hm²,农
田有效灌溉面积 2 859.0 hm²,农作物总播种面积 2 937.8 hm²。粮食播种面积 2 292.5 hm²,
总产量 8 110.6 t,单产量 3 537.9 kg/hm²,其中,青稞播种面积 991.8 hm²,总产量 3 511.2 t,
单产量 3 540.2 kg/hm²。

7.6.4　青稞种植气候适宜性区划

工布江达县青稞种植最适宜区面积约为 1 476.5 hm²,占耕地面积的 47.1%,主要分布于
工布江达镇娘曲岸边、巴河镇河谷地带。青稞种植次适宜区面积约为 1 658.8 hm²,占耕地面
积的 52.9%,分布于仲萨乡(图 7.6)。

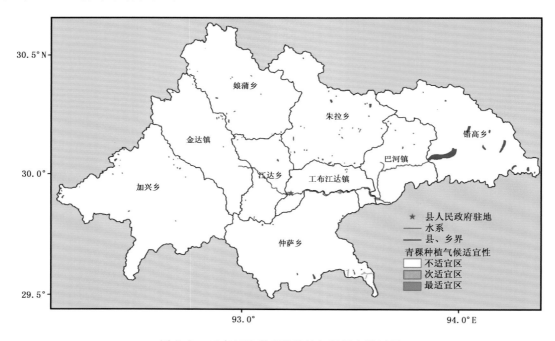

图 7.6　工布江达县青稞种植气候适宜性区划

7.7 墨脱县青稞种植气候适宜性区划

7.7.1 自然地理

墨脱县位于林芝市东南部、雅鲁藏布江下游。东邻察隅县,南与印度毗邻,西接错那县、米林县、隆子县,北连巴宜区、波密县。地处喜马拉雅山脉东侧,属雅鲁藏布江下游山川河谷地形。山脉、大川纵横交错,连绵起伏。平均海拔 1 200 m,地势北高南低,从北部高达 7 756 m 的南迦巴瓦峰,下降到南部仅数百米。雅鲁藏布江由南迦巴瓦峰脚下急转直下,形成了著名的雅鲁藏布江大拐弯。主要山脉有喜马拉雅山等。主要河流有雅鲁藏布江、西巴霞曲等。面积约 3.40×10^4 km²,2010 年总人口 10 963 人。县人民政府驻地在墨脱镇,辖 1 个镇、7 个乡和 46 个村委会。

7.7.2 气候概况

墨脱县城属亚热带山地季风湿润气候,夏季炎热,冬季温凉;雨量充沛,日照相对较少,气温年较差小。年平均气压 806.0 hPa;年日照时数 1 016.7 h,年太阳总辐射 3 195.1 MJ/m²;年平均气温 20.1 ℃,气温年较差 14.0 ℃,年极端最高气温 37.1 ℃(2016 年 8 月 14 日),年极端最低气温 2.2 ℃(2019 年 1 月 5 日);≥0 ℃积温 7 300~7 600 ℃·d;年降水量 2 198.3 mm,日最大降水量 83.3 mm(2018 年 8 月 10 日),南部最大降水可达 5 000 mm;年无霜期 340 d 以上。

墨脱县城最热月(8 月)平均气温 26.9 ℃,最冷月(1 月)平均气温 12.9 ℃;最热月平均最高气温 34.5 ℃,最冷月平均最低气温 9.9 ℃。

墨脱县主要有洪涝、暴雨(雪)等气象灾害。由于处在喜马拉雅断裂带和墨脱断裂带上,强降水常引起山体滑坡、泥石流等地质灾害。

7.7.3 农业生产

墨脱县以农业为主,农作物有水稻、青稞、鸡爪谷、黄豆、油菜、棉花和芝麻等。2017 年乡村从业人口 5 699 人,农林牧渔业产值 5 100 万元。2017 年末实有耕地面积 1 532.0 hm²,农田有效灌溉面积 1 501.0 hm²,农作物总播种面积 1 544.0 hm²。粮食播种面积 1 392.3 hm²,总产量 5 405.5 t,单产量 3 882.4 kg/hm²,其中,青稞播种面积 45.5 hm²,总产量 121.5 t,单产量 2 670.3 kg/hm²。

7.7.4 青稞种植气候适宜性区划

墨脱县青稞种植均为适宜区,面积约为 1 532 hm²,主要分布于背崩乡(图 7.7)。

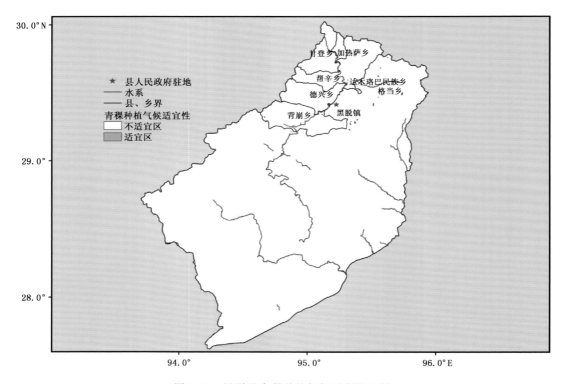

图 7.7 墨脱县青稞种植气候适宜性区划

第8章　阿里地区各县青稞种植
气候适宜性区划

8.1　噶尔县青稞种植气候适宜性区划

8.1.1　自然地理

噶尔县位于阿里地区西部,是西藏边境县之一。东邻革吉县,东南依普兰县,南面和西南靠札达县,西连克什米尔地区,北与日土县毗邻。地处森格藏布和噶尔藏布流域,主要山脉有冈底斯山、阿伊拉日居等,最高山峰为克尔勒日,海拔 6 253 m。主要河流有森格藏布、噶尔藏布等,主要湖泊有朗琼林错。面积 1.81×10⁴ km²,2010 年总人口 16 901 人。县人民政府驻地在狮泉河镇,辖 1 个镇、4 个乡和 14 个村(居)委会。

8.1.2　气候概况

噶尔县城属高原温带季风干旱气候,冬季寒冷干燥,太阳辐射强,日照时数长,气温年较差大。年平均气压 604.6 hPa;年日照时数 3 574.5 h,年太阳总辐射 7 344.0 MJ/m²;年平均气温 1.0 ℃,气温年较差 26.4 ℃,年极端最高气温 32.1 ℃(2010 年 7 月 25 日),年极端最低气温 −36.7 ℃(2013 年 2 月 9 日);≥0 ℃积温 1 701.5 ℃·d;年降水量 66.3 mm,日最大降水量 34.6 mm(1985 年 7 月 26 日);年蒸发量 2 608.6 mm;年平均相对湿度 33%;年平均风速 2.7 m/s,最多风向为西南偏西风;年无霜期 151 d;年雷暴日数 15.1 d;年积雪日数 19.4 d;年最大冻土深度 152 cm。

噶尔县城最热月(7 月)平均气温 14.4 ℃,最冷月(1 月)平均气温 −12.0 ℃;最热月平均最高气温 21.5 ℃,最冷月平均最低气温 −19.7 ℃。

噶尔县主要有雪灾、干旱、洪涝、霜冻、大风、雷暴等气象灾害。雪灾发生频率为 20.0%,平均 5 年一遇,主要出现在冬、春季,以 1998 年和 2002 年最为严重。夏旱发生频率为 39.6%,平均 2～3 年一遇;洪涝发生频率为 29.2%,平均 3～4 年一遇。年大风日数为 38.5 d,最多年达 231 d(1964 年),最少年仅有 3 d(1998 年),冬、春季节出现大风较多,占年大风日数的 69.9%。该县属于少雷暴区,年雷暴日数 15.1 d,主要集中在 7—8 月,占年雷暴日数的 78.1%。

8.1.3　农业生产

噶尔县为半农半牧县,农作物有青稞、小麦和油菜等。2017 年乡村从业人口 5 108 人,农林牧渔业产值 6 949 万元。2017 年末实有耕地面积 827.0 hm²,农作物总播种面积 275.0 hm²。粮食播种面积 224.0 hm²,总产量 461.0 t,单产量 2 058.0 kg/hm²,其中,青稞播种面积 209.0 hm²,

总产量 431.0 t,单产量 2 062.2 kg/hm²。

8.1.4 青稞种植气候适宜性区划

  噶尔县青稞种植适宜区面积约为 533.3 hm²,占耕地面积的 64.5%,分布于狮泉河镇。青稞种植次适宜区面积约为 293.7 hm²,占耕地面积的 35.5%,分布于昆莎乡(图 8.1)。

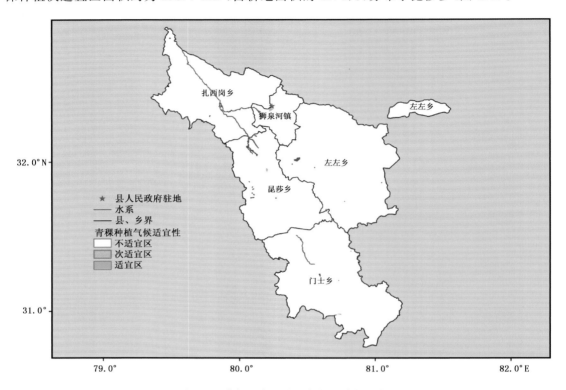

图 8.1 噶尔县青稞种植气候适宜性区划

8.2 普兰县青稞种植气候适宜性区划

8.2.1 自然地理

  普兰县位于阿里地区南部,是西藏边境县之一。东邻仲巴县,南接印度、尼泊尔,西靠札达县,北连革吉县。地处喜马拉雅山脉北侧的峡谷地带,以高原山地为主,山高谷深,山峦起伏,中部较高,地势北高南低。境内有两个水系相通,间隔仅 3 km 的高原湖泊,东面较大的是玛旁雍错,西面较小的是拉昂错。在湖泊的南、北是两座著名的山峰,北面是冈底斯山主峰冈仁波齐峰,海拔 6 638 m,南面是喜马拉雅山西段的纳木那尼峰,海拔 7 694 m。面积约 1.25×10⁴ km²,2010 年总人口 9 657 人。县人民政府驻地在普兰镇,辖 1 个镇、2 个乡和 10 个村(居)委会。

8.2.2　气候概况

普兰县城属高原温带季风干旱气候,日照充足,气温年较差大,气温低,降水少。年平均气压 637.3 hPa;年日照时数 3 224.6 h,年太阳总辐射 7 013.8 MJ/m²;年平均气温 3.6 ℃,气温年较差 22.0 ℃,年极端最高气温 28.4 ℃(2006 年 7 月 7 日),年极端最低气温−29.4 ℃(1997 年 12 月 19 日);≥0 ℃积温 2 029.9 ℃·d;年降水量 150.6 mm,日最大降水量 97.1 mm(2008 年 9 月 20 日);年蒸发量 2 194.9 mm;年平均相对湿度 48%;年平均风速 3.3 m/s,最多风向为西南偏南风;年无霜期 146 d;年积雪日数 55.8 d;年最大冻土深度 124 cm。

普兰县城最热月(7 月)平均气温 14.4 ℃,最冷月(1 月)平均气温−7.6 ℃;最热月平均最高气温 21.3 ℃,最冷月平均最低气温−14.2 ℃。

普兰县主要有干旱、洪涝、雪灾、大风、雷暴等气象灾害。夏旱发生频率为 38.9%,平均 2～3 年一遇;洪涝发生频率为 25.0%,平均 4 年一遇;雪灾发生频率为 21.3%,平均约 5 年一遇;10 月至翌年 4 月为雪灾发生期。年大风日数 14.5 d,最多年达 51 d(1974 年),最少年仅有 6 d(1997 年、2005 年和 2007 年),冬、春季大风较多,约占年大风日数的 55.9%。该县属于少雷暴区,年雷暴日数为 8.7 d,主要集中在 5—8 月,占年雷暴日数的 87.4%。

8.2.3　农业生产

普兰县为半农半牧县,农作物有青稞、小麦、油菜和马铃薯等。2017 年乡村从业人口 4 265 人,农林牧渔业产值 6 259 万元。2017 年末实有耕地面积 624.0 hm²,农田有效灌溉面积 623.0 hm²,农作物总播种面积 1 104.0 hm²,粮食播种面积 570.0 hm²,总产量 2 860.0 t,单产量 5 017.5 kg/hm²,其中,青稞播种面积 516.6 hm²,总产量 2 448.3 t,单产量 4 739.3 kg/hm²。

8.2.4　青稞种植气候适宜性区划

普兰县青稞种植适宜区面积约为 487.9 hm²,占耕地面积的 78.2%;青稞种植次适宜区面积约为 136.2 hm²,占耕地面积的 21.8%,两个区均分布于普兰镇的马甲藏布两岸(图 8.2)。

8.3　札达县青稞种植气候适宜性区划

8.3.1　自然地理

札达县位于阿里地区西南部。东邻噶尔县,东南毗邻普兰县,西部和南部与印度接壤。地处喜马拉雅山西段东坡、阿伊拉日居山西南坡。地势南低北高,平均海拔 4 000 m。境内有大小河流 14 条,其中阿里地区的第二条大河象泉河横穿县境。面积约 2.46×10⁴ km²,2010 年总人口 6 883 人。县人民政府驻地在托林镇,辖 1 个镇、5 个乡和 15 个村(居)委会。

8.3.2　气候概况

札达县城属高原温带季风干旱气候,太阳辐射强,日照时间长,降水少,干燥多风,气温年较差大。年平均气压 638.5 hPa;年日照时数 3 300.3 h,年太阳总辐射 6 536.6 MJ/m²;年平

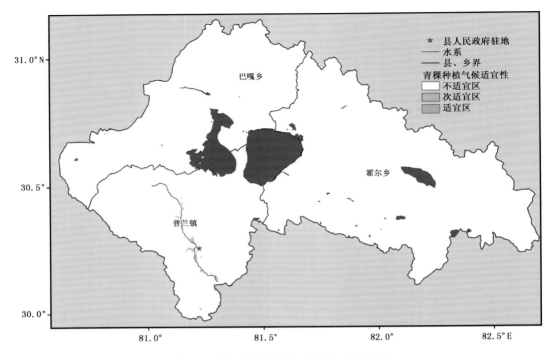

图 8.2　普兰县青稞种植气候适宜性区划

均气温 5.1 ℃,气温年较差 22.7 ℃,年极端最高气温 30.9 ℃(2018 年 8 月 4 日),年极端最低气温-24.4 ℃(2019 年 1 月 24 日);≥0 ℃积温 2 618.6 ℃·d;年降水量 134.0 mm,日最大降水量 23.4 mm(2018 年 8 月 7 日);年无霜期约 140 d。

札达县城最热月(7 月)平均气温 16.4 ℃,最冷月(1 月)平均气温-6.3 ℃;最热月平均最高气温 25.3 ℃,最冷月平均最低气温-11.7 ℃。

札达县主要有干旱、霜冻、雪灾、大风等气象灾害。

8.3.3　农业生产

札达县为半农半牧县,农作物有青稞、小麦、大麦、荞麦、豌豆、蚕豆和油菜等。2017 年乡村从业人口 2 473 人,农林牧渔业产值 4 516 万元。2017 年末实有耕地面积 684.0 hm²,农田有效灌溉面积 467.0 hm²,农作物总播种面积 564.0 hm²。粮食播种面积 300.0 hm²,总产量 790.0 t,单产量 2 633.3 kg/hm²,其中,青稞播种面积 225.0 hm²,总产量 577.4 t,单产量 2 560.0 kg/hm²。

8.3.4　青稞种植气候适宜性区划

札达县青稞种植适宜区面积约为 376.8 hm²,占耕地面积的 55.1%;青稞种植次适宜区面积约为 307.3 hm²,占耕地面积的 44.9%,两个区均分布于托林镇(图 8.3)。

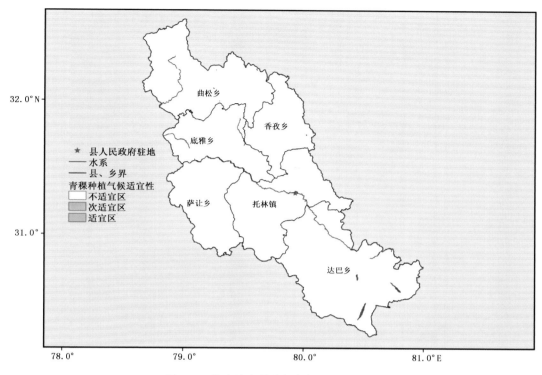

图 8.3　札达县青稞种植气候适宜性区划

8.4　日土县青稞种植气候适宜性区划

8.4.1　自然地理

日土县位于阿里地区西北部,东邻改则县,东南毗邻革吉县,南连噶尔县,西靠克什米尔地区,北接新疆维吾尔自治区。地处高原湖盆区,境内遍布崇山峻岭,昆仑山脉和冈底斯山脉横穿全境,地势南、北高,中部低,沿班公错至怒江断裂带,形成高原地势最低的巨大集水洼地,在四周山脉之间沿断裂带则为宽谷或串珠状湖盆洼地。主要河流有饮水河、森格藏布等,主要湖泊有班公错、泽错等。面积约 7.20×10^4 km²,2010 年总人口 9 738 人。县人民政府驻地在日土镇,辖 1 个镇、4 个乡和 14 个村(居)委会。

8.4.2　气候概况

日土县城属高原亚寒带季风干旱气候,太阳辐射强,日照时间长,降水少,气温低,气温年较差大,冬、春季多大风。年平均气压 569.5 hPa;年日照时数 3 348.8 h,年太阳总辐射 6 500.9 MJ/m²;年平均气温 0.2 ℃,气温年较差 27.5 ℃,年极端最高气温 26.7 ℃(2018 年 7 月 8 日),年极端最低气温 −25.9 ℃(2019 年 1 月 29 日);≥0 ℃ 积温 1 802.9 ℃·d;年降水量 75.6 mm,日最大降水量 26.5 mm(2017 年 8 月 3 日);年无霜期约 50 d。

日土县城最热月(7 月)平均气温 14.1 ℃,最冷月(1 月)平均气温 −13.4 ℃;最热月平均最高气温 20.9 ℃，最冷月平均最低气温－21.2 ℃。

日土县主要有干旱、雪灾、大风等气象灾害。

8.4.3　农业生产

日土县为半农半牧县，农作物有青稞、小麦和油菜等。2017 年乡村从业人口 5 111 人，农林牧渔业产值 9 977 万元。2017 年末实有耕地面积 636.5 hm²，农田有效灌溉面积 636.0 hm²，农作物总播种面积 387.0 hm²。粮食播种面积 364.0 hm²，总产量 1 069.0 t，单产量 2 936.8 kg/hm²，其中，青稞播种面积 348.0 hm²，总产量 977.0 t，单产量 2 807.5 kg/hm²。

8.4.4　青稞种植气候适宜性区划

日土县青稞种植均为适宜区，面积约为 636.5 hm²，占耕地面积的 100%，主要分布于日土镇和多玛乡的班公湖岸边（图 8.4）。

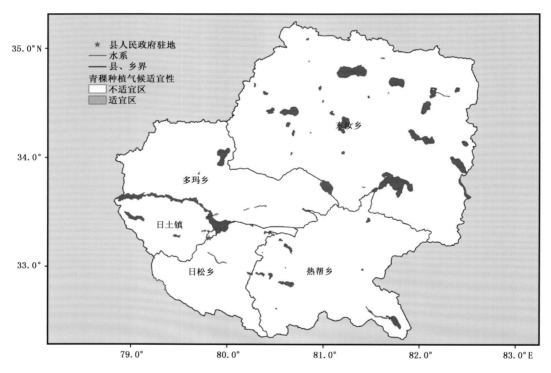

图 8.4　日土县青稞种植气候适宜性区划

参考文献

杜军,胡军,张勇,2007.西藏农业气候资源区划[M].北京:气象出版社.

杜军,杨志刚,刘建栋,等,2011.西藏自治区太阳能资源区划[M].北京:气象出版社.

杜军,刘依兰,建军,等,2017.气候变化对西藏青稞种植的影响研究[M].北京:气象出版社.

傅大雄,阮仁武,戴秀美,等,2000.西藏昌果古青稞、古小麦、古粟的研究[J].作物学报,26:392-398.

胡颂杰,1995.西藏农业概论[M].成都:四川科学技术出版社.

卢良恕,1996.中国大麦学[M].北京:中国农业出版社.

栾运芳,王建林,2001.西藏作物栽培学[M].北京:中国科学技术出版社.

栾运芳,赵惠芬,冯西博,等,2008.西藏春青稞种质资源的特色及利用研究[J].中国农学通报,24(7):55-59.

马得泉,李雁勤,洛桑更堆,等,1997.西藏栽培大麦分类研究进展[J].西藏科技,1:2-8.

马得泉,徐廷文,顾茂芝,等,1987.西藏栽培大麦分类的初步研究//西藏作物品种资源考察文集[M].北京:中国农业科技出版社.

马得泉,2000.中国西藏大麦遗传资源[M].北京:中国农业出版社.

史孝石,1987.西藏作物品种资源//西藏作物品种资源考察文集[M].北京:中国农业科技出版社.

孙立军,1988.中国栽培大麦变种及其分布特点[J].中国农业科学,21(2):25-31.

邵启全,李长森,巴桑次仁,1975.栽培大麦的起源与进化——中国西藏和川西的野生大麦[J].遗传学报,2(2):123-128.

王建林,胡单,2004.西藏栽培大麦的遗传多样性中心[J].植物生态学报,28(1):133-137.

王建林,栾运芳,大次卓嘎,等,2006.西藏栽培大麦变种组成和分布规律研究[J].中国农业科学 9(11):2163-2169.

西藏自治区统计局,国家统计局西藏调查总队,2018.西藏统计年鉴 2018[M].北京:中国统计出版社.

西藏自治区测绘局,2015.西藏自治区地图册[M].成都:成都地图出版社.

西藏自治区第六次全国人口普查领导小组办公室,西藏自治区统计局,国家统计局西藏调查总队,2011.西藏自治区 2010 年人口普查资料[M].北京:中国统计出版社.

星球出版社,2008.西藏自治区地图册[M].北京:星球出版社.

徐廷文,1982.中国栽培大麦的分类和变种鉴定[J].中国农业科学,15(6):39-47.

徐廷文,马得泉,顾茂芝,等,1984.西藏山南地区大麦种质资源的分类和分布[J].中国农业科学,17(2):41-48.

禹代林,欧珠,洛桑更堆,等,1995.大麦种质资源农艺性状鉴定与繁种[J].西藏农业科技,17(3):31-37.

姚珍,1982.栽培大麦和野生大麦染色体 N—带的研究[J].遗传学报,9:160-164.

湛小燕,俞志隆,黄培忠,1991.中国大麦醇溶蛋白多肽的多态性研究[J].遗传学报,18:252-262.

朱印酒,2011.西藏青稞资源与分布特征[J].西藏大学学报(自然科学版),26(1):42-45.